KB267311

가짜 위험에 속지 않고 뇌의 주도권을 잡는 법

뇌는 어떻게 불안을 선택하는가

REWIRE YOUR OCD BRAIN

: Powerful Neuroscience-Based Skills to Break Free from Obsessive Thoughts and Fears

Copyright © 2021 Catherine M. Pittman and William H. Youngs

All rights reserved.

Korean translation rights arranged with New Harbinger Publications, Inc. through ALICE Agency, Seoul.

Korean translation copyright © 2026 by Breathebooks

이 책의 한국어판 저작권은 앨리스에이전시를 통한 저작권사와의 독점 계약으로 브리드북스에 있습니다.
저작권법에 의해 한국 내에서 보호를 받는 저작물이므로 무단전재와 복제를 금합니다.

가짜 위험에 속지 않고 뇌의 주도권을 잡는 법

뇌는 어떻게 불안을 선택하는가

캐서린 피트먼 · 윌리엄 영스 지음

REWIRE YOUR BRAIN

브리드북스

○ 복잡한 생물학과 심리학의 세계를 이토록 차분하고 정중하게 전달하는 책은 드물다. 불안과 강박 증상이 뇌 회로에서 어떻게 작동하는지 이해하게 함으로써, 단순히 지식을 얻는 데 그치지 않고 새로운 경험과 변화를 창조하는 완벽한 가교 역할을 한다.

샐리 윈스턴 _ 심리학 박사, 메릴랜드 불안 및 스트레스 장애 연구소 전무이사

○ 복잡한 신경학 개념을 대중의 언어로 번역해낸 이 책의 성취는 놀랍다. 환자들은 흔히 자신의 뇌가 만들어내는 충격적인 생각들에 공포를 느끼지만, 이 책은 그 원인을 뇌 기반의 관점으로 바라보게 돕는다. 덕분에 독자들은 수치심과 자책에서 벗어나 스스로를 보듬으며 내면의 평화를 되찾는 역량을 갖추게 된다.

데브라 키센 _ 심리학자, '불안의 빛' CEO

○ 강박 장애로 인해 '나에게 무슨 일이 일어나고 있는지' 알고 싶은 이들에게 이 책은 최고의 선택이다. 뇌의 원리를 명확히 이해하는 순간, 우리는 빼앗겼던 통제력을 되찾고 스스로를 지킬 힘을 얻는다. 상담 현장에서 만난 내담자들도 이 책을 통해 침투적인 사고에서 훨씬 더 수월하게 벗어날 수 있었다.

레이철 히랄도 _ 공인 불안 임상 치료사, 비비파이 카운슬링 앤 웰니스 설립자

O 피트먼과 영스는 불안과 강박 장애 이면에 숨겨진 뇌의 원리를 명쾌하게 풀어낸다. 누구나 일상에서 바로 적용할 수 있는 구체적인 치료법들을 친절하게 설명하고 있어, 전문가의 도움을 받거나 혹은 스스로 마음을 돌보려는 이들 모두에게 실질적인 변화를 이끌어낸다. 고통 속에 있는 사람뿐 아니라 치료사들에게도 주저 없이 추천한다.

수전 마이어스 _ 공인간호사, 전문임상사회복지사

O 이 책은 불안과 강박적인 사고와 행동의 감옥에서 벗어나 자유를 찾고 싶은 사람들을 위한 정교한 로드맵이다. 마음의 병을 앓고 있는 용감한 이들과 그들을 돕는 임상의들이 반드시 곁에 두어야 할 필독서다.

타라 빅스비 _ 전문 상담사, courageously.u 설립자

'뇌'라는 방향타를 고쳐 잡고,
삶의 주도권을 되찾으려는
당신에게

이 책을 집어 든 당신은 아마 오랫동안 원치 않는 생각과 불안이라는 파도에 맞서 고군분투해왔을 것이다. 하지만 분명히 말해주고 싶다. 당신을 괴롭히는 그 강박은 성격의 결함이나 의지의 문제가 아니다. 그것은 우리를 보호하기 위해 설계된 뇌 회로가 현대의 복잡한 자극 속에서 일으킨 일종의 '시스템 오류'일 뿐이다. 이제 당신은 스스로를 자책하는 대신, 뇌가 왜 이런 오작동을 일으키는지 그 메커니즘을 이해하고 개입하는 법을 배우게 될 것이다.

이 책은 당신이 강박의 원리를 깨닫고 뇌를 스스로 재배선할 수 있도록 세 단계의 여정으로 안내한다.

1부에서는 우리를 불안하게 만드는 뇌의 정교한 공격 경로를 파헤친다. 본능적으로 비상벨을 울리는 '편도체'와 그 불안에 시나리오를 덧입히는 '대뇌피질'의 공조 과정을 분석하며 원인을 파악한다. 이어지는 2부에서는 언어가 통하지 않는 본능의 뇌를 몸과 경험으로 길들이는 실전 연습을 시작한다. 뇌의 기초 체력을 다지고, 안전함을 몸소 체험하며 뇌 회로를 건강하게 재배선하는 법을 익힌다. 마지막 3부에서는 본능을 다스린 힘을 바탕으로 우리를 가둔 생각의 감옥 문을 열고 나온다. 완벽주의와 확신이라는 굴레를 벗어던지고 삶의 주도권을 완전히 회복하는 것이 이 여정의 최종 목적지다.

우리는 이 여정에서 중요한 지혜를 배우게 된다. 통제할 수 있는 것에 집중하되, 통제할 수 없는 영역이 존재한다는 사실을 받아들이는 법이다. 뇌가 불안을 생성하도록 설계되었다는 본능적 사실은 바꿀 수 없지만, 그 불안을 다르게 다루는 법은 얼마든지 배울 수 있다. 바로 이 지점에서 당신의 변화는 시작된다.

특히 우리가 경계해야 할 것은 자신의 대뇌피질을 무조건 믿는 태도다. 걱정이나 강박 사고 같은 머릿속 생각들은 편도체를 자극할 수는 있어도, 그 자체로 당신을 해칠 수 있는 실체적인 위험은 아니다. 생각을 완벽히 통제할 수 있는 사람은 아무도 없다. 하지만 뇌의 '신경 가소성'을 활용해 편도체와 대뇌피질이 이전과는 다르게 반응하도록 훈련할 수는 있다.

이 삶은 온전히 당신의 것이며, 강박이라는 오류가 당신 삶의 방향타를 쥐게 내버려 둘 이유는 전혀 없다. 강박을 다룬다는 것은 단순히 불안을 없애는 기술이 아니라, 불안과 공포가 내 앞길을 방해하도록 내버려 두지 않고 나만의 목표와 가치에 시선을 고정하는 단단한 삶의 태도를 갖추는 일이다.

이 책의 지식들이 당신의 뇌에 새로운 연결을 만들

고, 비이성적인 요구가 아닌 당신 자신의 의지를 따라 살아갈 자유를 선사하기를 바란다. 당신은 이미 변화의 문턱에 서 있으며, 그 자유를 누릴 충분한 자격이 있다. 이제, 불안의 본질을 꿰뚫고 삶의 주인이 되는 첫걸음을 함께 떼어보자.

캐서린 피트먼, 윌리엄 영스

차
례

1부　왜 내 뇌는 이럴까?　　　　　　　　　(원인 파악)
: 놀랍고도 끔찍한 우리의 뇌

01장　뇌는 기계가 아니라 다시 짜는 회로다 : 신경 가소성　• 17

02장　불안은 신호가 아니라 고장 난 비상벨이다
: 불안의 뿌리, 편도체 이해하기　　　　　　　　　• 43

2부 본능적인 불안을 어떻게 멈출까?　［몸의 훈련］

: 편도체 진정시키기

1부 원인 파악

1부는 우리를 괴롭히는 불안의 근원을 추적하는 과정이다. 먼저 강박이 성격 결함이 아닌 뇌 회로의 일시적인 '시스템 오류'임을 이해하고(1장), 본능적으로 신체를 장악하는 '편도체'의 뿌리를 찾아간다(2장). 이어 지성의 상징인 '대뇌피질'이 불안의 시나리오를 집필하는 공범이 되는 과정을 분석하며(3장), 우리를 감옥에 가두는 '걱정과 강박'이라는 논리적 덫을 확인하며 원인 파악을 마무리한다(4장).

왜 내 뇌는 이럴까?

: 놀랍고도 끔찍한 우리의 뇌

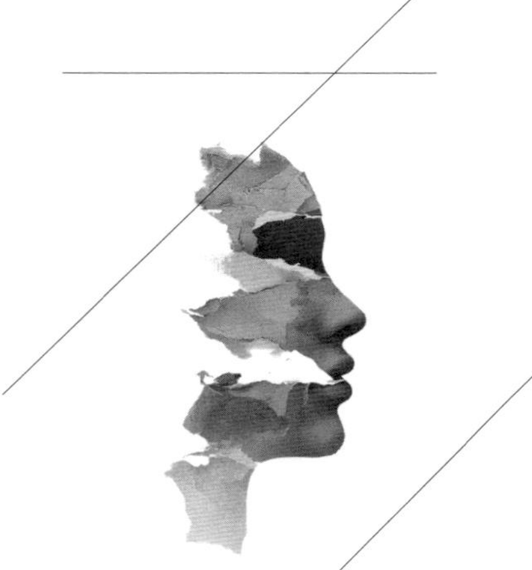
REWIRE YOUR BRAIN

뇌는 기계가 아니라 다시 짜는 회로다

: 신경 가소성

우리는 인간의 뇌를 인류 문명의 최고 걸작으로 찬양한다. 피라미드를 세우고, 대륙을 탐험하며, 달에까지 발자국을 남길 수 있었던 것도 모두 이 작은 기관 덕분이라고 믿는다. 하지만 뇌는 언제나 우리 편이 아니다.

뇌는 지각하고, 생각하고, 신념을 만들어내면서 동시에 우리를 궁지로 몰아넣기도 한다. 끝없는 의심으로 마음을 흔들고, 불필요한 걱정으로 에너지를 소모시키며, 멈출 수 없는 생각으로 집중력을 갉아먹는다. 어떤 일을 반복해서 해야만 안심할 수 있다고 느끼게 하거나, 새로운 상황을 상상하며 불안에 사로잡혀 사소한 결정조차 내리지 못하게 만들기도 한다.

그렇다면 이런 뇌의 악순환에서 벗어날 방법은 있을까? 쉽게 대답할 수 없는 질문이다. 왜냐하면 결국 우리는 뇌가 만들어낸 현실 속에서 살아가기 때문이다.

뇌가 만든 현실 속에서 ●

우리가 보고, 듣고, 느끼는 모든 것은 뇌의 해석을 거쳐 완성된다. 눈이 외부의 빛을 받아들인다고 해도, 그 정보가 시각을 담당하는 뇌 부위로 전달되지 않는다면 우리는 아무것도 볼 수 없다. 시각이란 눈이 아니라, 눈과 뇌가 함께 만들어내는 인식의 결과인 셈이다. 청각도 마찬가지다. 시계의 째깍거림이나 "자유!"라는 외침을 들을 수 있는 것은 고막을 울리는 단순한 진동 덕분이 아니라, 그 진동에 의미를 부여하는 뇌의 해석 과정 덕분이다.

예를 들어, 말의 뜻을 해석하는 측두엽이 손상되면 친구의 말소리가 갑자기 아무 의미 없는 소리나 낯선 외국어처럼 들릴 것이다. 귀와 청각 기관은 멀쩡히 작동하더라도, 그 소리에 의미를 부여하는 기억과 연결이 사라지기 때문이다. 즉, 우리가 듣는다고 믿는 것조차 뇌가 구성한 해석의 결과다. 뇌는 단순히 신호를 받아들이는 기관이 아니라, 그 신호에 의미를 덧입혀 현실을 만들어내는 주체다.

우리는 뇌의 기능이 손상되기 전까지, 지각이 얼마나 뇌에 의존하고 있는지조차 알지 못한다. 눈으로 보고, 귀로 듣고, 손으로 만진다고 해서 곧 현실을 직접 경험하는 것은 아니다. 그 모든 감각은 뇌가 작동하는 방식에 따라 해석되고 조합된 결과물이다. 수많은 뇌의 영역이 서로 협력하여 우리가 하나의 지각을 완성한다. 이 사실을 극적으로 보여주는 사례가 있다.

프랜이라는 여성은 교통사고로 머리를 다친 후, 뒤통수 깊숙한 곳에 있는 방추이랑(fusiform gyrus) 부위가 손상되었다. 이 부위는 사람의 얼굴을 인식하는 데 핵심적인 역할을 하는 곳이다. 사고 이후 프랜은 얼굴을 볼 수는 있었지만 누군지 알아볼 수 없게 되었다. 친구든 가족이든, 그저 낯선 얼굴일 뿐이었다. 그 사람이 말을 하면 목소리로는 대체로 구분할 수 있었지만, 얼굴만으로는 결코 알아볼 수 없었다. 결국 그녀는 사람을 알아보는 방법을 새로 만들어야 했다 — 붉은 곱슬머리, 진한 눈썹, 이야기 주제 같은 비(非)시각적 단서들에 의존하는 것이다.

우리는 대부분 얼굴의 복잡한 구조를 분석하고 그 사람에 대한 기억을 저장하여 알아보는 이 뇌의 기능을 너무도 당연한 것으로 여긴다. 그러나 프랜의 사례는 그것이 얼마나 섬세하고 뇌에 전적으로 의존한 과정인지 보여준다. 결국 우리가 현실이라 부르는 것은 외부 세계 그 자체가 아니라, 뇌가 감각 정보를 해석해 구성한 결과물이다. 즉, 우리가 보고 듣는 모든 것은 뇌가 만들어낸 하나의 정교한 환상인 셈이다.

뇌가 고문실로 변할 때

그렇다면 질문이 남는다. 만약 그 뇌가 세상을 언제나 위험하고 위협적인 곳으로만 보여준다면, 우리는 어떻게 해야 할까?

"오염됐다는 생각이 머리를 지배할 때 어떻게 그 생각을 멈출 수 있을까?"

"다른 사람을 해칠 수 있다거나 몸에서 암세포가 자라고 있다는 걱정이 들 때 어떻게 멈춰야 할까?"

"운전할 때마다 공포심이 든다면 어떻게 극복할 수 있을까?"

우리는 어떻게 그 생각을 멈출 수 있을까? 이럴 때의 뇌는 더 이상 세상을 이해하고 적응하도록 돕는 도구가 아니다. 그것은 우리를 괴롭히는 내면의 고문실이 된다.

그 고문실에서 탈출하기 위한 첫걸음은 뇌가 어떻게 작동하는지 이해하는 것이다. 뇌는 무한한 능력을 가진 신비한 존재처럼 보이지만, 사실은 정해진 규칙과 한계 안에서만 작동하는 매우 체계적인 장치다. 이 작동 원리를 이해하면, 그 규칙을 역이용해 스스로의 삶을 통제할 수 있다.

예를 들어 강박적인 생각이 떠오를 때, "뇌는 한 번에 한 가지 일밖에 집중하지 못한다"는 사실을 떠올려보자. 이 단순한 원리를 알면, 강박적인 생각이 틈입할 때마다 의도적으로 다른 활동에 주의를 돌리는 것이 강력한 자기방어 도구가 된다.

뇌의 배선을 다시 깔 때, 삶도 새로워진다 ●

뇌를 아는 것은 차를 아는 것과 같다. 자동차가 어떻게 움직이는지 알면, 고장났을 때 원인을 짐작하고 조치를 취할 수 있다. 뇌도 마찬가지다. 불안이나 강박이 반복적으로 일어나는 것은 자동차 엔진에 결함이 생긴 것과 같다. 엔진이 제대로 작동하려면 오일을 점검하고 보충해야 하듯, 뇌도 제 기능을 회복하기 위한 관리와 이해가 필요하다.

필자들 역시 박사 학위를 가진 과학자이지만, 차에서 이상한 소리가 나거나 배기관에서 연기가 피어오를 때는 어쩔 줄 몰라 한다. 그럴 때면 언제나 신뢰하는 정비사 제러미에게 전화를 건다. 그리고 제러미는 언제나 문제의 원인을 정확히 찾아내고 해결책을 알려준다. 뇌 과학 역시 마찬가지다.

불안과 강박 장애는 단순히 습관적인 행동의 문제가 아니다. 그 밑바닥에는 불안과 공포가 만들어내는 생리적 회로가 있다. 우리는 불안이 폭주할 때 뇌에서 어떤 신호가 오가는지, 그 신호가 어떻게 몸과 감정, 사고를 지배하는지를 보여줄 것이다. 그리고 그 과정을 이해함으로써, 당신은 이제까지 불가능하다고 느꼈던 불안과의 새로운 관계 맺기를 시작할 수 있다.

무엇이 뇌를 반복의 굴레에 가두는가
: 강박의 메커니즘

강박 장애를 겪는 사람이라면, 가장 먼저 이런 질문을 던질 것이다.

"내 뇌에 무슨 문제가 생긴 걸까? 결함이 있거나 고장이 난 걸까?"

결론부터 말하자면, 우리 모두의 뇌에는 크고 작은 결함이 있다. 어느 누구의 뇌도 완벽하지 않다. 모든 인간의 뇌는 유전적으로 독특하고, 부모의 DNA가 결합해 만들어진 정교하면서도 불완전한 결과물이다. 뇌는 자동차처럼 수없이 시험과 설계를 거쳐 완벽히 조정된 기계가 아니다. 태어나는 순간부터 수많은 우연과 변이 속에서 성장한, 불완전함을 전제로 한 기적의 산물이다.

각자의 뇌는 저마다의 강점과 약점을 가진다

모든 사람의 뇌에는 강점과 약점이 있다. 우리가 해야 할 일은 그 강점을 활용하고, 약점을 피하거나 조절하는 것이다. 이를 위해 뇌는 학습과 훈련을 통해 스스로를 변화시키는 능력, 즉 '가소성(neuroplasticity)'을 갖고 있다.

예를 들어 어떤 사람은 수학적 사고에 강해 회계사로 일하면 탁월하지만, 다른 사람은 세밀한 계산보다 창의적 활동에서 빛을 발한다. 강박 장애를 가진 사람의 뇌는 특히 한 가지 상황의 세부 사항에 집착적으로 몰두하는 경향을 보인다. 이런 특성은 완벽함을 추구하는 작가나 정확함이 생명인 엔지니어에게는 장점이 될 수 있다.

그러나 일상에서는 그 세밀함이 시간 약속조차 지키지 못하게 만드는 족쇄가 되기도 한다. 결국 우리의 뇌는 균형 잡힌 조정과 학습을 통해 그 강점은 강화하고, 약점은 완화시켜야 한다. 이 모든 것은 우리가 타고난 뇌의 구조와 작동 방식에 깊이 연관되어 있다.

강박 장애와 관련된 뇌의 구조

과학자들은 강박 장애의 주요 원인이 전두엽, 기저핵, 그리고 전두엽과 편도체의 연결 회로에 있다고 본다(Fullana et al. 2017; Nazeer et al. 2020; Welter et al. 2011). 이 부위들은 사고, 감정, 행동을 조절하는 핵심 네트워크로, 이 회로가 과도하게 활성화되면 생각과 행동이 '반복 루프'에 갇히게 된다. 하지만 중요한 질문은 이것이다.

'왜 어떤 사람의 뇌에서는 이 회로가 다르게 작동하는가?'

첫째, 유전과 경험. 그리고 환경의 상호작용에 따라 다르다. 강박 장애와 불안 장애는 종종 가족 내력을 가진다. 불안한 부모를 둔 아이는 불안을 경험할 확률이 높다. 입양 연구에 따르면, 이러한 현상은 단순히 양육 환경 때문만이 아니라, 유전적 요인이 분명히 작용하기 때문임이 밝혀졌다(Gregory & Eley 2007).

그러나 유전이 전부는 아니다. 개인의 경험, 가족이나 친구 관계에서 형성된 학습도 뇌의 반응 패턴에 큰 영향을 미친다. 즉, 강박 장애는 유전적 소질과 환경적 경험이 함께 만들어낸 결과다(Nestadt, Grados, & Samuels, 2010).

둘째, 바이러스가 불러오는 뇌의 변화가 영향을 미친다. 최근 연구에서는 놀라운 사실도 밝혀졌다. 일부 아동에게서 강박적 사고나 틱 증상이 바이러스 감염으로 인한 뇌 손상에서 비롯될 수 있다는 것이다. 대표적으로 세 살에서 열두 살 사이의 아이들이 걸릴 수 있는 PANDAS(연쇄상

구균 관련 소아 자가면역 신경정신장애)와 PANS(소아 급성 발병 신경정신질환)가 있다. 이 바이러스는 기저핵을 손상시켜 강박적인 생각, 충동적인 행동, 틱과 같은 증상을 유발한다(Bernstein et al. 2010). 이 경우, 이전에 강박 성향이 없던 아이가 감염 후 갑자기 증상을 보이기도 한다(Baj et al. 2020).

유전이든 바이러스든 혹은 삶의 경험이든 무엇이 원인이든, 결국 강박 장애는 뇌 구조와 작용의 문제다. 따라서 강박 장애를 의지 부족이나 성격의 결함으로 탓해서는 안 된다. 이것은 당신의 잘못이 아니다.

하지만 동시에, 그 뇌를 이해하고 다루는 일은 당신의 몫이다. 뇌의 작동 원리를 배우고, 불안을 조절하는 기술을 익힐 때 당신은 불안과 강박 장애라는 제한된 삶을 넘어설 수 있다. 당신의 뇌는 고장이 아니라, 재조정이 필요한 정교한 시스템일 뿐이다.

 **불쑥 찾아온 낯선 생각이 떠나지 않는 이유**
: 침입적 사고

생각이 끊임없이 되풀이되고 머릿속을 떠나지 않는다면, 당신은 이미 '강박적 사고(obsessive thinking)'에 빠져 있는 것이다. 이러한 생각은 다양한 형태로 나타나지만, 가장 흔한 것은 잘못될 수도 있는 일이나 부정적인 결과가 생길 가능성에 대한 걱정이다.

걱정은 대개 "…라면 어쩌지?"로 시작해, 결국 끔찍한 일이 일어날 수 있다는 결론으로 이어진다. 이런 걱정은 상황에 따라 매일, 혹은 시시각각 주제가 바뀐다. 대부분의 사람들은 일정 수준의 걱정을 의도적으로 조절할 수 있지만, 강박 장애가 있는 사람들은 걱정을 통제하지 못한 채 오랜 시간 그 생각에 갇혀 지낸다(Clark 2020).

강박 사고(Obsession) ●

강박 사고는 강박적 사고의 한 유형이지만 걱정보다 더 고착되고 안정적이다. 걱정이 계속 변하는 흐르는 생각이라면, 강박 사고는 붙잡히는 생각, 즉 특정한 주제나 이미지, 충동이 끈질기게 반복되는 형태다.

예를 들어, 브루스는 학점이 좋음에도 불구하고 졸업을 못 할지도 모른다는 생각에 사로잡힌다. 로즈는 남동생이 차에 치이는 장면을 끊임없이 상상하며 그 생각을 멈출 수 없다. 테런스는 고속도로에서 대형 트럭 앞으로 차를 몰고 싶은 충동이 들며, "이 생각이 내가 이상한 사람이라는 뜻일까?" 하고 불안해한다.

강박 사고는 종종 의심이나 결정 강박의 형태로 나타난다. 예를 들어, "전기 고데기를 껐나?", "이 차를 마셔도 될까?"라고 끝없이 반복 생각한다. 같은 생각을 몇 시간씩 되뇌거나, 사랑하는 사람에게 끔찍한 일이 닥칠 것 같은 상상을 반복하기도 한다. 때로는 어떤 일을 반드시 해야 한다는 내면의 명령으로 바뀌며, 이를 어기면 무언가 끔찍한 일이 생길 것 같다는 두려움에 시달리기도 한다.

이런 생각들은 논리적으로 가능성이 거의 없거나 말도 안 되는 경우가 많다. 하지만 강박적 사고는 이성을 압도해, 그 불합리함을 알면서도 결코 무시할 수 없게 만든다.

강박적 사고의 주제들　　　　　　　　　　●

인간의 뇌는 어떤 상황에서도 걱정을 만들어낼 수 있다. 그러나 강박적 사고는 대체로 몇 가지 공통된 주제 영역에 집중된다.

• 오염(Contamination)

먼지, 세균, 바이러스에 노출되는 것을 극도로 두려워한다. 예: 글래디스는 교회에서 나온 음식을 어디서 어떻게 만들었는지 모르겠다며 먹지 못한다.

• 질서(Order)와 대칭(Symmetry)

물건, 사건, 심지어 말할 때의 손동작까지 정확히 배열되어야 한다고 느낀다. 서랍의 내용물, 진입로의 차량, 저녁 식사 순서까지 걱정거리가 된다.

• 폭력과 공격성(Violence & Aggression)

실제로 그런 적이 없는데, 누군가를 해쳤을지도 모른다는 생각에 시달린다. 어떤 사람은 공격적이거나 성적인 상상을 떠올리는 것만으로도 죄책감과 공포를 느낀다.

• 완벽주의(Perfectionism)

외모, 행동, 성취에서 결점이 있어서는 안 된다고 생각한다.

예: 피아노 수업 중 선생님처럼 완벽히 칠 수 없다는 생각에 도망치는 어린이, 또는 논문 초고의 한 문장도 만족스럽지 않아 무력감에 빠진 대학원생.

• 종교와 성(Religion & Sexuality)

신이 자신의 생각을 모두 알고 있어 천국에 갈 수 없다고 믿거나, 특정한 성적 정체성에 대해 근거 없는 불안을 느낀다.

왜 특정 사람이 특정 주제에 집착하는지는 아직 명확히 밝혀지지 않았다. 하지만 강박의 주제는 달라도 그 뇌 속에서 일어나는 과정은 동일하다.

생각에서 행동으로 : 강박 행동의 탄생　　　　　　●

강박적 사고는 한 사람의 삶 전체를 지배할 수 있다. 여자 친구의 사랑을 확인하려 하루에도 수십 번 전화하는 대학생, 출근길마다 가스레인지를 확인하러 되돌아가 결국 지각하는 엄마, 주방 칼을 보고 아기를 찌를까 봐 두려워 일자리를 포기한 보모…

이 모두가 강박적 사고가 행동으로 번진 예다. 이때 나타나는 것이 '강박 행동(compulsion)'이다. 강박 행동은 두려운 생각이나 불안을 줄이기 위해 반복하는 행위나 정신적 의식이다. 대표적인 예로는 확인, 세기, 청소, 묻기, 정리하기 등이 있다.

이처럼 강박 행동은 일시적으로 불안을 줄이고 안도감이라는 보상을 제공한다. 그러나 그 안도감은 잠시뿐이다. 불안이 다시 올라오면 행동도 반복된다. 결국 '불안 → 행동 → 안도 → 불안 재발'의 악순환이 만들어지는 것이다.

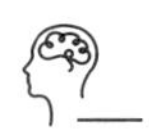# 구석기 시대의 뇌로 현대를 살아가는 인간
: 진화의 역설

고도로 발달했지만, 여전히 구식인 뇌 ●

인간의 뇌는 수백만 년 전, 지금과는 전혀 다른 환경에서 발달했다. 그 시절 인간은 수렵채집인으로서 동시에 다른 동물의 먹잇감이기도 한 존재였다. 그렇기에 인간의 뇌는 언제나 생존을 최우선으로 하는 위협 감지 시스템으로 작동했다.

농경이 시작되고 문명이 발달하면서 인간은 더 이상 맹수의 위협 속에 살지 않게 되었지만, 우리의 뇌는 여전히 그 옛날의 회로를 그대로 지닌 채 오늘을 살아가고 있다. 뇌의 구조가 새로운 시대에 맞게 완전히 바뀐 것이 아니라, 오래된 오두막 위에 별채를 덧붙인 듯 덧씌워진 개조가 이루어졌을 뿐이다.

비유하자면, 벽은 새로 칠하고 선반을 더 놓았지만 벽난로와 낡은 나무 기둥은 여전히 그 자리에 남아 있는 것이다. 이처럼 인간의 뇌는 새로운 기능을 추가하면서도 본래의 원시적 구조를 그대로 유지하고 있다.

오늘날 우리의 대뇌 피질은 훨씬 커지고 복잡해졌다. 특히 전두엽은 사고력, 계획력, 창의력 같은 고차원적 기능을 담당하며 다른 동물에게는 없는 능력을 우리에게 부여했다. 그러나 문제는 이 새로운 전두엽이 여전히 공포와 생존을 담당하는 구식 뇌 회로와 연결되어 있다는 점이다. 즉, 인간의 고등 사고 기능이 오히려 원시적인 방어 시스템을 자극하고 불안을 증폭시키는 결과를 낳기도 한다.

이 방어 회로는 여전히 우리 몸과 감정의 중심을 지배하며 위협에 맞서는 반응 ― '도망치거나 싸우는(fight or flight)' 반응 ― 을 일으킨다. 그리고 바로 이 반응이 강박 장애와 불안의 핵심 메커니즘으로 작동한다.

예측하는 뇌 : 생존의 도구이자 불안의 근원 ●

인간의 뇌, 특히 전두엽이 만들어낸 가장 혁신적인 능력은 바로 예측(predict)이다. 아직 일어나지 않은 일을 미리 상상하고 대비할 수 있는 능력은 생존에 결정적인 장점이었다.

움직임을 조절하는 뇌 영역에서 발달한 이 예측 능력은 사냥을 준비하고, 위험에 즉시 반응하는 데 도움이 되었다 (Leaver et al. 2009). 그런데 시간이 흐르며 이 능력은 단순한 움직임의 예측을 넘어 한 번도 본 적 없는 상황과 미래의 가능성까지 상상하는 능력으로 발전했다.

이 예측과 상상의 능력은 인류가 농사를 짓고 건축물을 세우며, 달에 발을 내딛는 문명을 이루는 데 핵심적인 역

할을 했다. 그러나 동시에 불안과 강박이라는 부작용도 함
께 가져왔다.

상상된 위험에도 반응하는 뇌

　인간의 예측 능력은 선물이지만 값비싼 대가를 치르게
했다. 우리는 "만약 중요한 물건을 잃어버린다면?", "내가
죽는다면?", "가족에게 무슨 일이 생긴다면?" 같은 일어나
지 않은 일들을 끝없이 상상할 수 있다. 문제는 우리의 뇌
가 상상과 현실을 구분하지 못한다는 것이다.

　상상 속 위험을 떠올리는 순간, 뇌의 방어 체계 ― 특히
편도체와 자율신경계 ― 가 그 일이 실제로 일어난 것처럼
반응한다. 심장이 뛰고, 손에 땀이 차고, 근육이 긴장하며,
신체 전체가 위협에 대비하도록 준비한다. 즉, 뇌의 상상
이 몸의 현실을 바꾸는 것이다.

　이처럼 뇌의 원시적 방어 시스템은 진짜 위험과 상상된
위험을 구별하지 못한다. 그래서 불안은 실제 사건이 아닌
생각 자체로도 충분히 발동한다.

이해가 곧 해방의 시작이다

　걱정과 강박적 사고는 바로 이 예측 능력의 부작용이다.
전두엽이 만들어낸 고차원적 사고와 상상력이 오히려 오

래된 방어 체계를 불필요하게 자극하여 끝없는 불안과 강박을 유발하는 것이다.

결국 불안과 강박 장애란, '새로운 뇌(전두엽)'와 '오래된 뇌(편도체, 기저핵)'의 충돌이라 할 수 있다. 논리와 이성이 만든 상상이 본능과 감정의 회로를 흥분시키는 것이다.

걱정과 강박적 사고로 괴로울 때, 혹은 같은 행동을 반복하며 벗어나지 못할 때, 우리 뇌 속에서는 이런 복잡한 신경 경로가 실제로 작동하고 있다. 이 과정을 이해하는 것은 단순한 지식이 아니다. 그것은 강박의 악순환에서 벗어나는 첫걸음이다. 당신의 불안과 강박은 이상함이 아니라, 오랜 세월 인간을 지켜온 뇌의 방어 시스템이 과도하게 작동한 결과다.

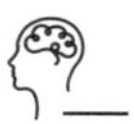 ## 불안이 만들어지고 증폭되는 두 가지 통로
: 두려움의 경로

두 경로가 강박 장애를 만든다

강박의 출발점 — 대뇌 피질. 강박적 사고와 걱정은 뇌의 바깥층을 이루는 대뇌 피질(cerebral cortex)에서 시작된다. 대뇌 피질은 복잡하게 접힌 회색질로, 귀·눈·코 같은 감각 기관에서 들어온 정보를 처리해 무엇을 보고, 듣고, 느끼는지를 이해하도록 돕는다.

이곳은 단순히 감각을 받아들이는 곳이 아니라, 그 감각이 위험한지 아닌지를 판단하는 관제탑 역할을 한다. 또한 우리 자신의 행동을 관찰하며 "방금 실수하지 않았는가?" 하고 검토하는 기능도 맡고 있다. 하지만 문제는 여기서 끝나지 않는다. 대뇌 피질이 위험 신호를 포착하면, 그 정보는 뇌의 다른 부위로 흘러가 더 빠르고 강력한 반응 체계를 작동시킨다.

두 번째 경보 장치 — 편도체. 뇌 깊숙한 곳에는 편도체(amygdala)라는 작은 구조가 있다. 편도체는 감정, 특히 두려움과 불안을 관장하는 핵심 기관이다. 놀랍게도 편도체는 대뇌 피질보다 먼저 위험을 알아차릴 수 있다.

예를 들어, 도로를 달리다 갑자기 브레이크를 밟은 경험이 있을 것이다. 무엇을 봤는지 인식하기도 전에 몸이 이미 반응한 것이다. 이 반응은 바로 편도체 덕분이다. 편도체는 생각보다 빠른 반사적 판단을 내려, 당신의 생명을 지켜주는 역할을 한다.

시상 — 두 경로의 교차로. 그렇다면 편도체는 어떻게 그렇게 빨리 반응할 수 있을까? 비밀은 시상(thalamus)에 있다. 시상은 뇌 중앙에 있는 작은 구조로, 모든 감각 정보

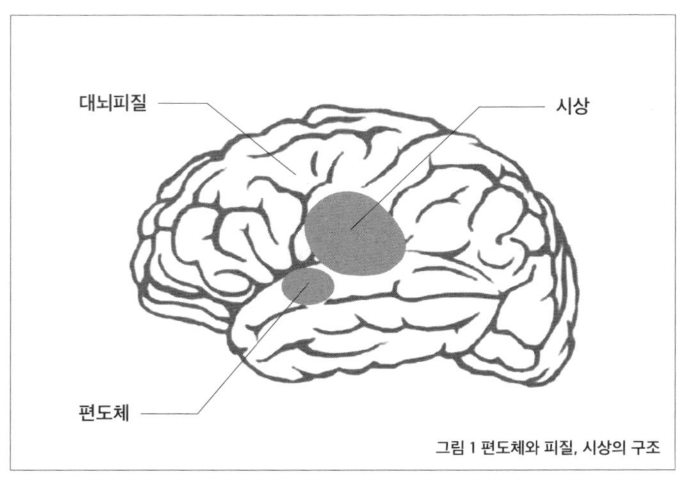

그림 1 편도체와 피질, 시상의 구조

가 이곳을 거쳐 어느 경로로 보낼지를 결정한다. 이때 두 가지 위협 감지 경로가 작동한다.

· 첫 번째 경로: 편도체 경로(amygdala pathway)

시상에서 감각 정보가 곧바로 편도체로 전달된다. 이 경로는 속도가 매우 빠르며, 편도체는 아직 대뇌 피질이 무엇을 봤는지 인식하기도 전에 즉각적인 신체 반응을 일으킨다.

· 두 번째 경로: 대뇌 피질 경로(cortex pathway)

시상에서 감각 정보가 대뇌 피질로 보내져 정교하게 분석된다. 이후 대뇌 피질이 "이건 진짜 위험이야" 혹은 "괜찮은 상황이야"라고 해석하고, 그 정보가 다시 편도체로 전달된다. 이 과정은 훨씬 느리지만 더 정확하다. 즉, 편도체 경로는 속도를, 대뇌 피질 경로는 정확도를 담당한다.

이 두 경로는 원래 인간의 생존을 위해 설계된 이중 안전장치였다. 그러나 강박 장애에서는 이 체계가 오작동한다. 대뇌 피질은 위험을 인식하고 분석해야 하는데, 그 판단 과정에서 불필요하게 많은 '만약에'(what if) 시나리오를 만들어낸다. 그러건 편도체는 실제 위협이 없어도 이를 진짜 위험으로 오인하고 몸 전체에 불안 반응을 일으킨다. 결국 대뇌 피질이 만들어낸 생각이 편도체의 방어 회로를 끊임없이 자극하면서 불안과 강박이 서로를 증폭시키는 악순환이 시작된다.

과학이 밝혀낸 두려움의 회로

지난 수십 년간의 뇌과학 연구는 이 두 경로가 두려움과 불안을 만들어내는 핵심 회로임을 명확히 했다(Dias et al. 2013 LeDoux 2015). 기능적 자기공명영상(fMRI)과 양전자방출단층촬영(PET) 같은 기술을 통해, 연구자들은 인간과 동물의 뇌에서 편도체가 어떻게 위협을 감지하고 보호 반응을 유도하는지 시각적으로 확인했다. 이 발견 덕분에 우리는 이제 두려움과 불안, 그리고 강박 장애의 신경학적 기반을 훨씬 구체적으로 이해할 수 있게 되었다.

대뇌 피질은 생각과 이미지를 만들어내고, 편도체는 그 생각에 감정과 신체 반응을 덧입힌다. 이 두 영역이 조화를 이루면 우리는 위험을 냉정히 판단하고 적절히 대응할 수 있다.

이 두 가지 경로 — 빠르지만 부정확한 편도체 경로, 느리지만 합리적인 대뇌 피질 경로 — 를 이해하면 당신의 뇌가 왜 그렇게 불안을 반복적으로 만들어내는지 알 수 있다.

굳어진 뇌의 배선을 다시 깔다
: 신경 가소성

강박 장애의 자멸적 순환 ●

편도체는 본래 잠재적 위험을 놓치지 않게 경계를 유지하는 역할을 맡고 있다. 따라서 일단 어떤 생각을 위협적인 것으로 인식하면, 편도체는 계속 그 생각에 주의를 붙잡아둔다. 그 결과 우리는 침투적인 생각(intrusive thought)을 떨쳐버릴 수 없게 된다. 불안을 느끼면 그 불안을 없애려 애쓰고, 그러다 보면 오히려 그 생각에 더 집중하게 된다. 결국 우리는 '생각을 없애려는 싸움'이 아니라 '불안을 줄이려는 싸움'으로 초점을 옮기게 된다. 그러나 편도체는 여전히 불안을 경계 신호로 해석하기 때문에 그 싸움 자체가 또 다른 불안을 불러일으킨다.

이처럼 강박 장애는 '괴로운 생각 → 불안 → 불안으로 인한 집중 → 더 큰 불안'의 자멸적 순환으로 작동한다. 그리고 그 불안을 잠시라도 줄이기 위해 사람은 반복적 행동(compulsion)을 하게 된다. 문을 다시 잠그거나 손을 씻거나 확인을 되풀이하는 행동이 바로 그것이다. 하지만 그 행동이 주는 안도감은 잠깐뿐이다. 곧 불안이 다시 찾아오고, 행동은 반복된다. 이렇게 해서 강박적 사고 – 불안 – 행동의 삼각 루프가 완성된다.

뇌 속의 두 경로 — 하나는 '생각'을 만드는 회로(대뇌 피질), 다른 하나는 '감정'을 점화하는 회로(편도체) — 가 어떻게 엇나가며 당신을 괴롭게 만드는지를 알아야 한다.

고정된 뇌는 없다

불과 30년 전까지단 해도 과학자들은 인간의 뇌가 한 번 완성되면 더 이상 변하지 않는다고 믿었다. 하지만 이제 우리는 그 믿음이 틀렸음을 안다. 뇌에는 스스로의 구조와 기능을 바꾸는 신경 가소성이라는 놀라운 능력이 있다.

즉, 뇌는 고정된 회로가 아니라 경험과 학습, 사고와 행동의 방식에 따라 끊임없이 재구성되는 생명체다.

유전자는 기본 설계도를 제공하지만, 그 이후의 뇌 발달은 우리가 어떻게 생각하고, 행동하고, 느끼느냐에 따라 달라진다. 나이가 몇이든 상관없다. 뇌는 여전히 새로운 반응 패턴을 학습하고, 오래된 회로를 수정할 수 있는 유연한 기관이다. 이 말은 곧, 강박적인 생각을 만드는 뇌의 흐름 역시 바꿀 수 있다는 뜻이다.

새로운 신경 연결은 복잡한 기계가 아니라 때로는 놀라울 만큼 단순한 방식으로 형성된다. 연구에 따르면, 유산소 운동은 기분을 개선할 뿐 아니라 뇌의 구조와 생리적 기능 자체를 변화시킨다(Swain et al. 2012). 특정 약물은 신경세포의 성장과 연결을 촉진한다(Drew & Hen 2007). 심리 요법은 특정 뇌 부위의 과도한 활동은 낮추고, 다른 부위의 기능은 강화한다(Linden 2006). 마음챙김 명상을 실천한 사람들은 불안과 관련된 뇌 회로 간의 연결성이 실제로 바뀌는 것으로 나타났다(Yang et al. 2016).

이 모든 증거가 말해주는 것은 단 하나다. 당신의 뇌는 그리고 당신 자신은 변할 수 있다. 지금은 그 사실만 기억하자. 뇌는 바뀔 수 있고 그 변화는 당신의 삶을 완전히 새롭게 만들 수 있다.

강박의 뇌, 다시 연결하다: 재배선(Rewiring)

우리는 이미 강박 장애 뇌의 잘못된 반응 패턴이 어떻게 형성되는지 알고 있다. 이제 해야 할 일은 그 패턴에 의식적으로 개입하고, 새로운 연결이 자리 잡도록 신경 회로를 다시 훈련(retrain) 하는 것이다. 이 과정을 우리는 '뇌의 재배선(rewiring)'이라고 부른다. 물론 실제로 전선이 깔려 있는 것은 아니지만, 신경세포들이 전기 신호를 주고받으며 만들어내는 연결망은 전선과 놀랍도록 유사하다.

강박 장애 뇌는 때로 스스로를 괴롭히는 내면의 고문실처럼 느껴진다. 하지만 그 방의 문은 안에서 열 수 있다. 뇌의 회로를 이해하고, 신경 가소성의 원리를 이용하면 당신은 그 방의 구조를 바꾸고, 새로운 통로를 만들고, 빛이 들어오는 창문을 열 수 있다.

뇌의 각 부위가 어떻게 소통하는지, 그리고 새로운 연결을 어떻게 학습하는지를 이해하면 우리는 뇌의 작동 방식을 수동적으로 겪는 대신 능동적으로 설계할 수 있다.

고정된 뇌는 없다.
'신경 가소성'으로 회로를 새로 깔 수 있다.

뇌는 고정된 기계가 아니라, 언제든 다시 짤 수 있는 회로다. 뇌는 인류의 위대한 성취를 만들기도 하지만, 때로는 잘못된 지각과 의심으로 우리를 가둔다. 강박은 당신의 잘못이 아니라 뇌 회로의 오작동일 뿐이다.

◎ **내 뇌는 고장 난 것이 아니라 '구식'일 뿐이다** : 최첨단 지성과 구석기 시대의 방어 체계가 우리 뇌 속에 공존한다. 구식 뇌(편도체)는 실제 위협과 상상 속 위험을 구분하지 못할 뿐이다. 불안은 뇌가 나를 보호하려고 너무 열심히 일한다는 증거일 뿐, 내 잘못이 아니다.

◎ **불안은 두 갈래 길(Two-Path)로 찾아온다** : 뇌과학은 불안이 두 가지 경로로 발생한다는 사실을 밝혀냈다.

- 편도체 경로: 생각하기도 전에 몸이 먼저 반응하는 고속도로.
- 대뇌피질 경로: 기억과 상상을 통해 일어나지 않은 일을 걱정하며 불안을 증폭시키는 우회로.

강박 장애는 이 두 경로가 서로를 자극하며 멈추지 않는 자멸적 순환에 빠질 때 나타난다.

◎ **신경 가소성의 희망** : 뇌 회로는 유전뿐 아니라 경험과 행동으로도 형성된다. 나이가 몇이든 뇌가 다르게 대응하도록 개조(Rewiring)할 수 있다.

▶▶ **나를 괴롭히는 뇌의 설계도를 알면 탈출구도 보인다. 그렇다면 내 몸을 떨게 만드는 이 강렬한 공포의 진짜 주범은 누구일까? 2장에서는 본능적 불안을 주관하는 편도체의 정체를 파헤친다.**

2장

불안은 신호가 아니라 고장 난 비상벨이다

:불안의 뿌리, 편도체 이해하기

불안은 생각이 많아서 생기는 것처럼 느껴지지만, 몸을 실제로 흔들어 놓는 쪽은 따로 있다. 이 장에서 다룰 편도체는 위협을 감지하면 심장, 호흡, 근육, 소화계까지 한꺼번에 움직이게 만드는 뇌의 방어 담당자다. 강박 과정이 자멸적 순환으로 굴러갈 때, 그 엔진 역할을 하는 것도 대개 편도체의 방어 반응이다. 따라서 불안의 내용만 붙잡고 씨름하기보다 불안을 만들어내는 근원―즉 편도체의 반응―을 이해하는 것이 장기적으로 더 효과적이다.

우리가 목표로 삼는 것은 두 가지다. 첫째, 불안이 찾아오는 빈도를 낮추는 것. 둘째, 불안이 왔을 때 겪는 고통의 크기를 줄이는 것. 이 두 가지가 가능해지면 불안과 강박 사고와 강박 행동 모두에서 주도권을 되찾을 수 있다. 그리고 그 첫걸음은 불안을 진짜 위험의 증거로 읽는 습관을 바꾸는 것이다.

불안의 근거는 생각이 아니라 몸이다　●

불안을 느낄 때 우리는 흔히 "내가 무슨 생각을 해서 이러나?”를 먼저 떠올린다. 하지만 심장이 두근거리고, 속이 울렁거리고, 손이 떨리고, 어지럽고, 호흡이 답답해지는 그 생생한 변화는 사고 과정의 직접 산물이 아니다. 그 변화는 편도체가 신체에 명령을 내린 결과다. 다시 말해, 불안이란 뇌가 위험에 대비시키려고 몸을 재배치하는 과정에 가깝다.

편도체는 뇌 중앙에 자리 잡고 있어 시상하부 같은 영향력 큰 구조들과 가깝다. 그 덕분에 심장 박동, 호흡, 근육 긴장, 혈압, 소화 활동 같은 생리 반응을 빠르게 바꿀 수 있다.

편도체가 위협을 감지하면 “지금은 생각할 때가 아니라 살아남을 때다”라는 논리로 움직인다. 그래서 우리는 위험을 인지하기 전에 이미 몸이 반응하는 경험을 하곤 한다. 운전 중 무엇 때문인지 깨닫기도 전에 급히 브레이크를 밟거나 핸들을 꺾는 순간이 대표적이다.

이 사실을 알면, 불안을 해석하는 기준이 달라진다. 불안은 내가 틀렸다는 신호가 아니라 내 몸이 방어 모드로 들어갔다는 신호일 수 있다. 불안에서 벗어나는 핵심은 불안을 없애기 전에 불안이 무엇인지 정확히 읽는 능력을 얻는 데 있다.

생각보다 앞서 움직이는 본능의 속도
: 편도체의 정체

편도체는 자연 선택의 긴 시간을 거쳐 위협 탐지기로 정교해졌다. 물론 편도체는 긍정적 정서나 공격성 같은 다른 기능에도 관여하지만, 이 책에서 핵심은 방어 반응의 시작점이다.

하루를 보내는 동안 편도체는 끊임없이 주변을 감시하며 해로울 수 있는 것을 찾아낸다. 그리고 필요하다면 몸을 즉시 움직일 준비를 시킨다. 뇌의 조직 방식 자체가 편도체에게 조기 경보 역할을 맡기도록 설계되어 있기 때문이다.

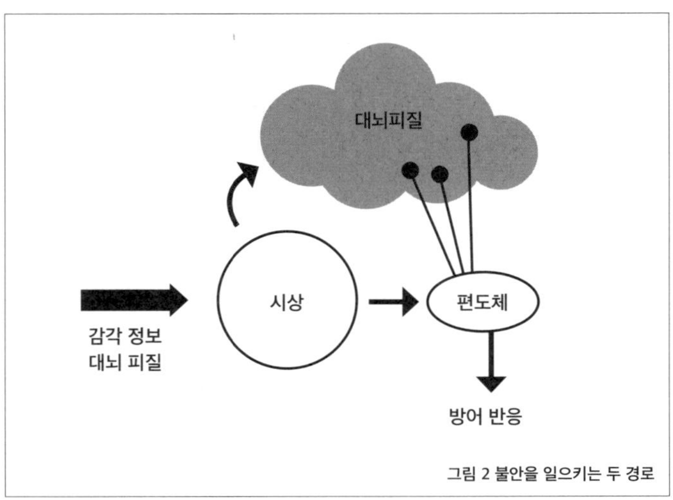

그림 2 불안을 일으키는 두 경로

여기서 1장에서 소개한 두 경로가 다시 중요해진다. 감각 정보가 들어오면 시상에서 분기해, 한 길은 대뇌 피질을 거쳐 정교하게 해석되고, 다른 길은 편도체로 곧장 달려가 빠르게 경보를 울린다. 강박 사고와 강박 행동이 불안으로 인해 부채질될 때, 이 두 경로가 번갈아 혹은 동시에 작동하며 악순환을 강화한다.

천천히 아는 길 vs 먼저 뛰는 길　　　　　　　　　●

대뇌 피질 경로는 '무슨 일이냐'를 이해하는 길이다. 우리가 보고 듣고 느끼는 의식적 경험은 대개 대뇌 피질 경로에서 만들어진다.

예컨대 글자를 읽을 때 눈으로 들어온 정보는 시상으로 간 뒤 후두엽으로 전달되어 처리된다. 고양이 털의 촉감은 피부에서 척수를 타고 시상으로 올라간 다음 두정엽에서 처리된다. 우리는 후두엽·두정엽 등 여러 피질 영역이 정보를 해석한 뒤에야 '아, 이게 글자구나", "부드럽네"를 알 수 있다. 다행히 이 과정은 매우 빠르며 대개 1초도 걸리지 않는다.

편도체 경로는 '위험일지 몰라'를 먼저 말하는 길이다. 시상에는 작은 안전장치가 있다. 감각 정보를 피질로 보내는 동시에, 그 일부를 편도체로 직접 보내는 것이다. 편도체는 시상 가까이에 위치해 있어 다른 부위보다 빨리 신호를 받는다. 하지만 이 길이 빠른 이유는 간단하다. 정교한 해석을 거치지 않고 날 것의 정보를 받기 때문이다. 편도체는 그 정보로 "지금 위험일 가능성이 있나?"만 빠르게 판단한다.

문제는 바로 여기서 생긴다. 편도체는 정확한 해석보다 생존 확률을 우선한다. 그러니 종종 과잉 반응할 수밖에 없다. 그럼에도 편도체는 심장과 근육, 호흡과 소화를 바꾸는 힘이 있으므로, 우리는 그 반응을 진짜 위험의 증거로 착각하기 쉽다.

생각하기도 전에 몸이 먼저 움직였다

고속도로에서 다른 차가 갑자기 차선으로 끼어드는 상황을 떠올려 보자. 우리는 생각하기도 전에 핸들을 틀고 브레이크를 밟는다. 멈춘 뒤에야 "방금 무슨 일이었지?" 하고 상황을 재구성한다. 어떤 사람은 그 순간을 두고 마치 누가 내 몸을 조종한 것 같았다고 말한다.

이건 단순한 반사 작용이 아니다. 뜨거운 것에 손을 대면 척수 수준에서 손을 떼는 반사가 먼저 일어나지만, 운전의 회피 행동은 시각 정보가 뇌로 올라와 처리되어야 한다. 즉, 뇌를 거친다. 다만 그 뇌가 대뇌 피질이 아니라 편도체였을 가능성이 크다.

시각 정보가 시상에 도달하자마자 편도체로 전달되고 편도체가 위험을 감지해 방어 반응을 실행했기 때문이다. 그덕분에 우리는 종종 대뇌 피질이 "무슨 일이야?"를 파악하기 전에 움직여서 사고를 피한다. 편도체의 빠름은 때때로 생명을 구한다. 하지단 편도체의 빠름은 늘 축복일까?

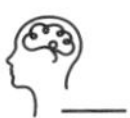 ## 왜 내 눈에는 위험한 것들만 먼저 보일까
: 속도의 대가

편도체가 빠르게 반응할 수 있는 이유는 상세한 정보가 아니라 거친 윤곽을 바탕으로 판단하기 때문이다. 편도체가 보는 감각 정보는 충분히 현상되지 않은 흐릿한 폴라로이드 사진에 가깝다. "다리가 네 개다. 소일까? 개일까?" 같은 수준에서 위험 여부를 먼저 정한다. 그 다음에 대뇌 피질이 정교한 해석을 끝내면 편도체는 그 정보를 받아 경보를 멈추거나 수정할 수 있다.

편도체가 보는 세상은 흐릿하다　●

신경과학자 조지프 르두(Joseph LeDoux 1996)는 이 차이를 설명하는 고전적 장면을 제시한다. 숲길에서 뱀처럼 구부러진 갈색 물체를 보고, 우리는 심장이 뛰고 뒤로 펄쩍 뛰며 긴장한다. 그런데 거의 동시에 대뇌 피질이 처리한 결과 뱀이 아니라 덩굴줄기임을 알아차린다. 안도감이 오지만 심장은 한동안 계속 쿵쾅거린다. 왜냐하면 편도체의 경보는 정보가 거칠기 때문에 자주 울릴 수밖에 없고, 일단 울리면 몸 전체를 전투 모드로 전환해 버리기 때문이다.

여기서 놓치면 안 되는 교훈이 있다. 편도체의 반응은 실제로 필요하지 않았을 수도 있고 틀릴 수도 있다. 그런데 우리는 종종 몸의 강한 느낌을 근거로 현실 판단을 내려버린다. "심장이 이렇게 뛰는데 위험하지 않을 리가 없어." 이 순간, 불안은 사실을 반영하는 것이 아니라 편도체의 방어 모드만 반영하는데도 말이다.

느낌이 그랬다가 결론이 되는 순간 ●

폴레트가 객석에서 자리를 고르고 앉았을 때, 팔걸이에 거미처럼 보이는 것을 발견한다. 하지만 곧바로 그것이 나무의 마디임을 알아차린다. 대뇌 피질이 정확한 정보를 제공한 것이다. 그럼에도 폴레트는 자리를 옮긴다. 이유는 단순하다. 편도체가 이미 방어 반응을 발동했고 심장이 뛰었기 때문에 그 좌석은 안전하지 않은 느낌으로 낙인찍혔기 때문이다.

강박 장애에서 이런 일이 자주 일어난다. 편도체가 만든 신체 반응을 위협의 증거로 받아들이며 위협을 과대평가한다. 그러면 불안을 줄이기 위한 행동 확인, 회피, 반복이 강화된다. 불안은 현실을 정확히 반영하지 않는데도 너무 현실적이라서 믿어버리는 것이다.

불안은 진짜지만, 불안이 가리키는 위험은 진짜가 아닐 수 있다. 이 구분이 가능해지면 불안이 강박을 밀어 올리는 힘이 약해진다.

 ## 싸우거나, 도망치거나, 혹은 얼어붙거나
: 생존 전략

편도체가 위협을 감지하면 선택할 수 있는 기본 옵션은 세 가지다. 싸우기(fight), 도망가기(flight), 얼어붙기(freeze). 흔히 투쟁-도피로만 말하지만, 실제로는 경직 반응까지 포함하는 것이 더 정확하다. 그래서 '투쟁-도피-경직(fight, flight, or freeze, FFF) 반응'이라고 부르는 것이 더 적절하다(LeDoux 1996).

이 반응이 시작되면 신체는 움직이거나 버텨야 하는 상태에 맞춰 재편된다. 혈압이 오르고 심장에서 더 많은 혈액이 나가며, 포도당이 혈류로 방출되어 근육이 즉시 쓸 에너지를 확보한다. 반대로 소화는 뒤로 밀릴 수 있어 속이 메스껍고 울렁거릴 수 있다. 몸이 지금은 소화할 때가 아니다라고 판단하는 것이다. 이런 변화는 원래 생존을 돕기 위한 설계다.

문제는 현대의 위협이 대부분 맹수가 아니라 생각이라는 점이다. 편도체는 생각이 만들어낸 위협에도 동일한 FFF 반응을 적용한다. 그래서 실제로는 싸우거나 도망가야 할 상황이 아닌데도 몸은 전투 태세로 바뀌고 우리는 그 상태를 불안으로 경험한다.

직장에서 실수 없이 완벽하게 일하고 싶은 루스는 출근 준비를 할 때마다 속이 울렁거린다. 루스는 이 메스꺼움을 "뭔가 큰일이 났다"는 신호로 읽고 그 느낌 자체에 매달린다. 그러나 그 울렁거림은 병의 신호가 아니라, 편도체가 직장이라는 위협에 대비해 FFF 반응을 올리면서 소화 기능이 느려져 생긴 결과였다.

이 메커니즘을 이해하자 루스는 행동이 달라진다. "아파서 못 가겠다"는 결론 대신, "지금 내 몸은 전투 태세로 바뀐 것뿐"이라는 해석으로 옮겨간다. 그리고 출근을 해낸다. 일에 몰입하는 동안 메스꺼움은 사라진다. 위협이 현실에서 확인되지 않자 편도체의 경보가 내려간 것이다.

이 사례가 주는 메시지는 단순하지만 강력하다. 불안의 신체 감각을 재해석할 수 있으면, 그 감각이 강박 행동을 촉발하는 힘이 약해진다. 불안은 흔히 위험이 있다는 뜻으로 해석되지만, 실제로는 편도체가 방어 반응을 켰다는 뜻일 때가 많다.

편도체 납치 : 머리가 멈춘 게 아니라 지휘권이 바뀐 것이다　　●

편도체의 영향은 신체 반응에만 그치지 않는다. 편도체가 강력하게 활성화되면 대뇌 피질의 기능이 흔들릴 수 있다. 주의가 편도체가 중요하다고 판단한 것에 붙들리고, 들어오는 정보를 정교하게 처리하기 어렵고, 기억과 판단도 편향될 수 있다. 심리학자 대니얼 골먼(Daniel Goleman 1995)은 이런 현상을 '편도체 납치(amygdala hijack)'라고 불렀다.

이때 사람들은 흔히 "내가 미쳐가나?"라고 생각한다. 예컨대 소피아가 구직 면접에서 CEO의 질문에 집중하지 못했을 때, 단순히 긴장한 것이 아니라 "정신이 이상해지는

게 아닐까"라는 생각에 사로잡힐 수 있다.

강박 장애를 겪는 사람은 특히 이런 경험을 근거로 자기 파괴적 결론을 내리곤 한다. 하지만 편도체가 지휘권을 가져가 대뇌 피질이 옆으로 밀리는 것은, 뇌가 위협 앞에서 흔히 보이는 정상 반응이다. 그것은 미침이 아니라 방어 체계의 우선순위 전환이다.

이 대목을 이해하면 불안이 올라오는 순간 "내가 망가졌다"가 아니라 "내 뇌가 방어 모드로 전환됐다"라고 말할 수 있게 된다. 이 작은 문장 변화가 강박의 다음 행동(확인, 회피, 반복)을 막는 데 결정적일 때가 많다.

두려움은 편도체가 만들고, 불안은 뇌가 읽어낸다　　●

편도체가 불안을 느끼게 한다고 말하는 건 절반만 맞다. 편도체가 방어 반응을 일으켜 신체를 바꾸는 중심이라는 것은 맞지만, 우리가 그것을 감정으로 경험하려면 다른 과정이 필요하다. 감정은 단지 몸이 반응하는 것만으로 완성되지 않고, 뇌가 그 반응을 의식으로 끌어올려 해석할 때 비로소 두렵다, 불안하다가 된다.

이 점은 시각의 예로 쉽게 이해할 수 있다. 우리는 눈으로 본다고 말하지만, 눈은 빛을 전기 신호로 바꿀 뿐이다. 그 신호를 후두엽이 처리해야 본 것이 된다. 후두엽이 손상되면 눈이 멀쩡해도 볼 수 없다.

감정도 비슷하다. 편도체는 두려움과 불안을 구성하는 신체 감각을 만들고 증폭시키는 데 깊이 관여하지만, 그 감각을 내가 지금 무엇을 느끼는지로 정리해 주는 과정은 여러 뇌 부위가 함께 수행한다. 그래서 신경학적으로 더 정확히 말하면, 편도체는 두려움·불안의 뿌리이자 방아쇠이지만, 우리가 그것을 감정으로 '느끼는' 과정은 더 복합적이다.

이 구분은 실용적 의미가 있다. 불안이 올라온다고 해서 "내가 이렇게 느끼니 틀림없이 위험하다"로 곧장 가지 않아도 된다는 뜻이기 때문이다. 불안은 느낌이지만, 느낌은 예측 변수가 아닐 때가 많다.

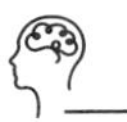 ## 불안은 고통스럽게 설계됐다 : 뇌의 진심

불안은 편안한 감정이 아니다. 오히려 불안은 고통스럽게 설계됐다. 그래야 우리가 멈추고 집중하고 무언가를 하도록 밀어붙일 수 있기 때문이다. 불안은 지금 당장 조치하라는 명령 같은 감각이다. 그래서 불안이 강할수록 우리는 강박 사고에 매달리고, 강박 행동으로 불안을 줄이려한다. 불안이 줄어드는 순간은 보상처럼 느껴지고, 그 보

상이 강박 행동을 강화한다.

그러나 여기에도 핵심이 있다. 불안이 아무리 사실적으로 느껴져도, 위험이 실제로 존재한다는 뜻은 아니다. 편도체의 경보는 자동차 계기판의 불빛처럼 밖에서 보는 신호가 아니라, 우리 몸에서 직접 느낌으로 울린다. 그래서 무시하기 훨씬 어렵다. 사람들은 "무시해"라고 쉽게 말하지만, 그건 연기 감지기의 소리를 무시하는 것과 다르다. 이건 연기 감지기 소리가 아니라 불이 났을 때의 느낌에 더 가깝기 때문이다.

우리는 학생들에게 이런 질문을 던지며 이 차이를 체감하게 한다. "시험 보기 전에 극도로 불안했는데, 결과는 잘 나온 적이 있나?" 대부분 고개를 끄덕인다. 불안은 미래를 정확히 예측하지 못한다. 열쇠를 못 찾으면 온몸이 공포로 얼어붙지만, 코트 주머니에서 열쇠가 나오면 그 공포는 현실이 아니라 편도체의 시나리오였다는 게 드러난다. 불안은 진짜지만, 불안이 말하는 미래는 자주 틀린다.

또한 편도체가 만든 생리 반응은 금방 꺼지지 않는다. 덩굴줄기가 뱀이 아니라는 걸 알았어도 심장이 한동안 계속 뛰는 것처럼, 아드레날린이 만든 효과는 몇 분 남아 있을 수 있다. 이 잔여 반응 때문에 "그래도 뭔가 위험한 게 맞나 봐"라고 다시 오해할 수도 있다. 이때 필요한 것은 해석의 교정이다.

"아직 남아 있는 건 위험의 증거가 아니라, 방어 반응의 잔향이다."

기절할까 봐 무서웠던 말리카가 다시 운전한 이유

말리카는 불안해지면 숨쉬기가 어려웠고, 그래서 운전 중 기절할까 봐 운전을 두려워했다. 하지만 호흡 곤란이 FFF 반응의 일부일 수 있다는 것을 이해한 뒤 상황이 달라진다. 기절할 증거가 아니라 편도체가 방어 모드를 켠 결과로 읽을 수 있게 되자, 말리카는 운전을 시작할 수 있었다. 라디오를 틀고 주의를 분산하면 더 안정적으로 목적지까지 갈 수 있었고, 호흡 문제라는 생각도 오래 붙들지 않았다.

이 사례는 불안을 다루는 핵심 전략을 암시한다. 불안이 올라오는 순간, 우리는 대개 불안의 원인을 찾고 해결하려고 한다. 그러나 때때로 더 좋은 길은 불안을 불러온 신체 반응을 정체부터 알아차리고(지금은 FFF), 그 반응이 만들어내는 해석의 오류(위험 과대평가)를 차단하는 것이다. 불안의 내용과 싸우기 전에 불안의 엔진을 이해하는 것이 먼저다.

여기까지 오면 여러분은 한 가지를 분명히 알게 된다. 불안은 의지로 없애기 어려운 감정이지만, 그렇다고 불안이 말하는 모든 것을 따라야 하는 절대 명령은 아니다. 불안은 대개 편도체가 제한된 정보를 바탕으로 울린 경보이며, 그 경보는 때로 틀리고 과잉일 수 있다. 그럼에도 불안은 너무 현실적이어서 우리는 쉽게 속아 넘어간다.

불안을 무시하라가 아니다. 불안은 무시하기 어렵다. 대신 이 장이 주는 선물은 이것이다. 불안을 더 정확하게 읽는 법. 불안을 진짜 위험과 동일시하지 않고, 편도체의 방어 반응이라는 관점에서 재해석하는 능력이다.

이 관점이 생기면 불안은 여전히 불편하지만, 강박 사고와 강박 행동을 밀어 올리는 힘은 약해진다. 그리고 그 약해진 틈이, 다음 장에서 다룰 '대뇌 피질과 강박'의 연결을 이해하는 발판이 된다.

다음 장에서는 편도체가 경보를 울릴 때, 대뇌 피질이 그 경보를 어떻게 이야기로 키우고(혹은 가라앉히고) 강박의 고리를 더 단단하게 만드는지 살펴볼 것이다. 불안의 뿌리가 편도체라면, 그 불안을 확대 재생산하는 무대는 대뇌 피질이기 때문이다.

본능의 뇌인 '편도체'가
왜 가짜 비상벨을 울리는지 파악하라.

불안의 신체 반응을 담당하는 사령탑은 편도체다. 편도체의 언어를 이해하는 것이 강박의 영향에서 벗어나는 핵심이다.

◎ **생존을 위한 조기 경보** : 편도체는 우리가 상황을 인지하기도 전에 몸을 움직이게 한다. 생존에는 유리하지만, 현대 사회에서는 사소한 것에도 비상벨을 울리는 부작용을 낳는다.

◎ **틀릴 수 있는 경고** : 편도체는 흐릿한 사진을 보고 반응하는 아이와 같다. 덩굴을 뱀으로 착각해 경보를 울리듯, 당신이 느끼는 불안감은 실제 위험이 아닌 잘못된 신호일 때가 훨씬 많다.

◎ **느낌은 사실이 아니다** : "불안하니까 위험한 거야"라는 생각은 착각이다. 불안은 그저 편도체가 방어 반응(투쟁/도피/경직)을 시작했다는 생물학적 신호일 뿐이다.

▶▶ **본능의 비상벨 소리에 속지 마라. 그것은 단지 뇌의 생리 현상이다. 3장에서는 지성의 상징인 대뇌피질이 어떻게 정교한 시나리오로 편도체를 자극하고 불안을 증폭시키는지 알아본다.**

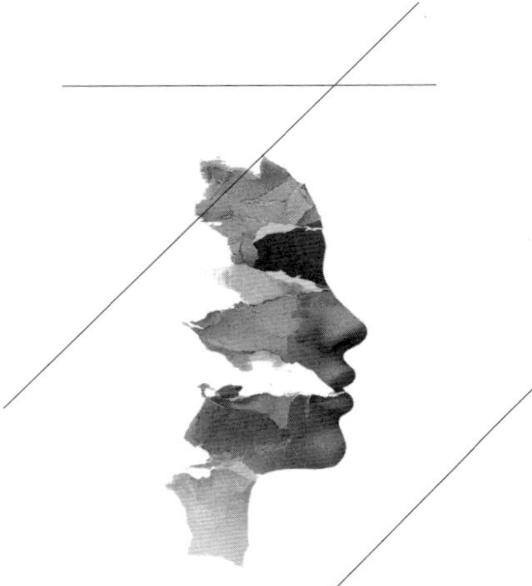

REWIRE YOUR BRAIN

3장

생각은 영사기일 뿐
실제 상황이 아니다

: 강박을 일으키는 핵심, 대뇌피질의 역할

앞에서 우리는 강박 장애를 부채질하는 불안의 뿌리가 편도체라는 사실을 살펴보았다. 편도체는 위협을 감지하고, 신체의 방어 반응을 작동시키는 핵심 기관이다. 하지만 많은 경우, 특히 강박 장애가 있는 사람들에게서 불안이 처음 시작되는 장소는 편도체가 아니다. 그 출발점은 오히려 대뇌 피질이다.

대뇌 피질은 우리가 생각하고 해석하고 상상하는 영역이다. 이곳에서 강박적인 생각이 만들어지고 그 생각이 반복되며 결국 강박 행동을 부르는 불안이 커진다. 다시 말해, 대뇌 피질은 강박 사고를 만들고 강화하는 데 깊이 관여한다.

중요한 점은 대뇌 피질과 편도체가 완전히 다른 방식으로 작동한다는 사실이다. 이 차이를 명확히 이해하지 못하면 불안이 왜 멈추지 않는지 이해하기 어렵다. 반대로 말하면, 대뇌 피질이 불안을 만들어내는 방식을 이해하는 순간, 강박 장애에 대응할 수 있는 훨씬 효과적인 도구를 손에 쥐게 된다.

# 너무 똑똑해서 시작되는 공포의 시나리오
: 불안의 발화점

강박 사고나 강박 행동을 경험하고 있다면, 대뇌 피질이 필요 이상으로 편도체를 자극하고 있을 가능성이 크다. 여기서 다시 한 번 분명히 짚고 넘어가야 할 사실이 있다. 방어 반응을 실제로 실행하는 것은 오직 편도체뿐이다. 대뇌 피질은 방어 반응을 직접 만들어내지 못한다. 대신 대뇌 피질은 편도체가 반응하도록 부추기는 역할을 한다.

대뇌 피질이 편도체를 활성화하는 방식은 크게 두 가지다.

첫 번째 방식, 감각을 위협으로 해석할 때

우리는 이미 시상이 눈, 귀 같은 감각 기관에서 들어온 정보를 편도체와 대뇌 피질 양쪽으로 보낸다는 사실을 살펴보았다. 이때 흥미로운 일이 벌어진다.

편도체는 감각 정보를 아주 빠르게 처리하지만, 반드시 그 정보를 위협으로 해석하지는 않는다. 어떤 자극은 그저 중립적인 경험으로 지나간다. 반면 대뇌 피질은 그 감각에 의미를 부여하고 해석한다. 이 과정에서 원래는 안전한 감각이 위협으로 바뀔 수 있다.

즉, 편도체는 위험 신호를 느끼지 않았는데, 대뇌 피질이

"이건 위험할 수 있어"라는 생각을 만들어 편도체에 전달하는 것이다. 그러면 편도체는 그 생각을 근거로 방어 반응을 시작한다. 대뇌 피질이 중립적인 경험을 위협으로 바꿔버리는 순간, 불안의 스위치가 켜진다.

건강 관련 강박 사고를 겪는 사람들에게서 이런 과정은 특히 흔하다. 예를 하나 들어보자.

어느 날 아침, 실라는 가벼운 두통을 느낀다. 이때 실라의 편도체는 보통 두통을 위협으로 해석하지 않는다. 하지만 실라의 대뇌 피질이 다른 방향으로 움직이기 시작한다. '혹시 뇌종양은 아닐까?'라는 생각이 떠오른다. 두통이 뇌암의 신호일 수 있다는 해석이 덧붙는다.

이 생각은 곧 행동으로 이어진다. 실라는 인터넷에서 뇌종양의 증상을 검색하고, 피로감이나 어지러움 같은 평소에는 대수롭지 않게 넘겼을 감각들을 다시 떠올린다. 그 순간 대뇌 피질에서 만들어진 생각과 이미지가 편도체를 자극한다. 편도체는 위험하다는 신호를 받고 방어 반응을 강화한다.

중요한 점은 이것이다. 두통 그 자체는 편도체를 활성화하지 않았다. 두통을 어떻게 해석했는지가 편도체를 움직였다.

대뇌 피질이 편도체를 활성화하는 두 번째 방식은 감각 정보조차 필요하지 않다. 순전히 생각과 상상만으로 불안이 시작될 수 있다.

어느 가을 아침, 토니는 기차를 타고 출근한다. 기차는 정시에 달리고 날씨는 상쾌하며 커피는 따뜻하고 맛있다. 주변 어디에도 위험 신호는 없다. 눈으로 보거나 귀로 듣거나 몸으로 느끼는 감각 중 그 어떤 것도 위협을 알리지 않는다. 그런데 토니의 생각이 다른 곳으로 흐른다. 여자 친구가 아침에 문자를 보내지 않았다는 사실이 떠오른다. 그는 두 사람의 관계를 곱씹기 시작한다. '내가 충분히 신경을 쓰지 않았던 건 아닐까?', '혹시 헤어지자는 말을 하려는 건 아닐까?' 순식간에 불안이 밀려온다. 여자 친구에게 문자를 보내고 싶어지지만, 괜히 귀찮게 하는 건 아닐지, 짜증을 내지는 않을지 또 걱정이 생긴다.

이 모든 과정은 어떤 감각 정보에서도 비롯되지 않았다. 위험을 보지도, 듣지도, 느끼지도 않았다. 오직 대뇌 피질에서 만들어진 생각과 이미지가 편도체를 활성화한 것이다. 그 결과, 편도체는 방어 반응을 일으키고 불안이라는 신체적·정서적 경험을 만들어낸다.

생각은 위험하지 않다

우리의 마음에는 하루에도 수없이 많은 생각이 스쳐 지나간다. 대뇌 피질에서 생성되는 모든 생각이 유용하거나, 정확하거나, 주의를 기울일 가치가 있는 것은 아니다. 하지만 강박 장애가 있으면, 사람은 특히 괴로운 생각을 더 진지하게 받아들이는 경향이 있다.

그런 생각에 편도체가 반응해 불안을 만들어내면, 마치 그 생각이 진짜 위험을 알려주는 신호인 것처럼 느껴진다. 하지만 이것은 착각이다. 편도체가 그렇게 반응한다고 해서 그 생각이 실제로 위험해지는 것은 아니다.

실라의 뇌종양에 대한 생각도, 토니의 연애에 대한 걱정도 그 자체로는 위험하지 않다. 생각만으로 암이 생기거나 관계가 무너질 수는 없다. 그 생각이 할 수 있는 일은 단 하나다. 편도체를 자극해 방어 반응을 일으키는 것.

문제는 그 방어 반응이 다시 생각을 강화한다는 데 있다. 이제 실라와 토니는 특정한 생각과 함께 불안이라는 신체 반응을 동시에 경험한다. 그 결과, "이 생각은 정말 위험한 게 아닐까?"라는 확신이 더 강해진다. 이렇게 해서 생각과 불안은 서로를 증폭시키며 반복된다.

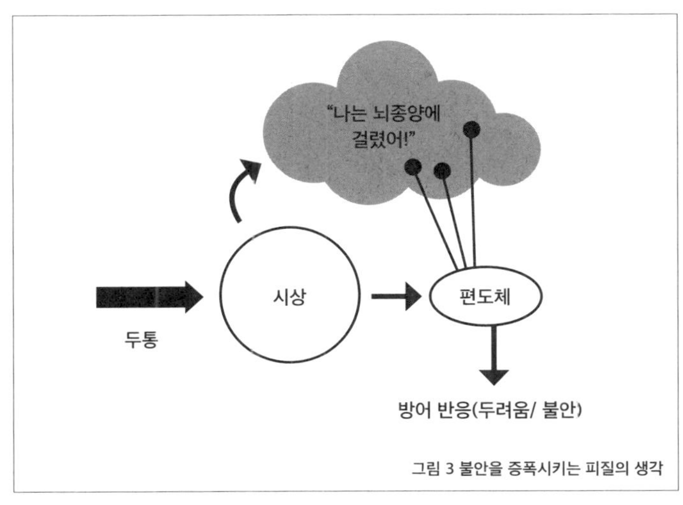

그림 3 불안을 증폭시키는 피질의 생각

생각은 위험하지 않다. 하지만 생각이 편도체를 움직일 수는 있다. 그리고 이 메커니즘을 이해하는 것이 강박과 불안의 고리를 끊는 첫걸음이 된다.

 ## 머릿속 상상을 사실로 착각하는 찰나의 순간
: 인지적 융합

우리는 누구나 생각을 한다. 문제는 그 생각을 얼마나 심각하게 받아들이느냐다. 생각을 지나치게 무게 있게 받아들이는 순간, 불필요한 불안이 시작된다. 이 과정을 설명하는 개념이 바로 '인지적 융합(cognitive fusion)'이다.

인지적 융합이란 단순한 생각을 절대적인 진실로 믿어버리는 상태를 말한다. 그저 떠오른 생각과 현실에서 실제로 벌어지고 있는 일 사이의 경계가 흐려지는 것이다. 이 현상은 강박 장애를 설명할 때 빠지지 않는, 가장 기본적인 대뇌 피질 기반 과정 중 하나다.

앞에서 살펴본 편도체의 오류와 인지적 융합은 비슷해 보이지만 다르다. 편도체의 오류는 생각이 실제 위협인 것처럼 자동 반응을 일으키는 문제라면, 인지적 융합은 대뇌 피질이 스스로의 생각을 사실이라고 우기는 문제에 가깝다. 다시 말해, 당신 자신이 그 생각을 "사실이거나, 최소한 사실일 수도 있다"고 믿어버리는 것이다. 이 믿음이 생기는 순간, 불안은 급격히 커진다.

앞서 등장한 실라와 토니는 모두 인지적 융합의 전형적인 사례다. 두 사람은 떠오른 생각을 현실을 반영하는 신호로 해석했다. 강박적인 사고를 경험하는 사람들은 흔히 '생각일 뿐인 것'을 지나치게 진지하게 받아들이고, 그 생각이 이미 어느 정도 입증되었다고 느낀다. 바로 이 지점에서 생각은 강박으로 굳어진다.

실라의 경우를 보자. 두통이 생겼을 때 그녀의 머릿속에는 "혹시 악성 뇌종양 아닐까?"라는 생각이 떠올랐다. 여기까지는 누구나 할 수 있는 생각이다. 문제는 그 다음이다. 실라는 그 생각을 믿어버렸다. 그 순간부터 그 생각은 멈추기 어려워졌다. 실라가 이 생각을 할 때마다 편도체는 활성화되고 방어 반응이 시작된다. 불안한 느낌이 몰려오고, 실라는 이 불안을 다시 증거로 삼는다.

"이렇게 불안한 걸 보니, 정말 머리에 끔찍한 일이 벌어지고 있는 게 분명해."

여기서 중요한 점은, 생각뿐 아니라 느낌조차도 사실처럼 받아들여진다는 것이다. 불안이라는 감각 자체가 위험의 증거가 된다.

토니 역시 비슷하다. 그는 관계에 대한 걱정과 불안을 느끼면서, 자신의 불안한 생각과 감정이 곧 관계가 위태롭다는 신호라고 해석한다. 특히 대뇌 피질과 편도체의 관계를 인식하지 못한다면, 이런 해석이 얼마나 쉽게 굳어지는지 알기 어렵다. 단순한 생각이 편도체를 자극해 불안을 만들어내면, 우리는 오히려 그 생각을 더 심각하게 받아들이게 된다.

"내가 이렇게 불안한 걸 보니, 이건 그냥 넘길 일이 아니야."

하지만 실제 위험이 없어도 불안은 충분히 생길 수 있다. 이 사실을 이해하는 것이 중요하다.

그저 생각일 뿐

인지적 융합이 자주 일어나는 이유는 우리가 대뇌 피질에서 일어나는 일을 지나치게 신뢰하기 때문이다. 인간은 자신의 생각이 꽤 정확하다고 믿는 경향이 있다. 반대로, 우리가 얼마나 자주 틀린 생각을 하는지는 잘 기억하지 못한다. 우리는 스스로를 이성적이고 논리적인 존재라고 여기지만, 이는 뇌의 실제 작동 방식을 정확히 묘사한 말은 아니다.

우리는 상황을 잘못 해석하고, 불완전한 정보에 근거해 판단하며, 앞뒤가 맞지 않는 생각을 수도 없이 한다. 그럼에도 대뇌 피질은 마치 모든 생각과 감정, 신체 감각의 의미를 이미 다 파악한 것처럼 행동한다. 사실 인간의 머릿속에는 비현실적이고 비논리적인 생각이 끊임없이 떠오른다.

"중요한 점은, 그 모든 생각을 진지하게 받아들일 필요는 없다는 것이다."

마지막으로 기억할 점이 있다. 대뇌 피질 기반 불안은 감각 정보를 해석하는 과정에서 생기기도 하고, 그렇지 않기도 하다. 이 두 가지 방식은 구분해서 살펴볼 필요가 있다.

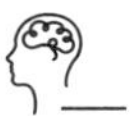

감각 정보를 동반한
대뇌 피질 기반 불안 : 상상의 역습

우리는 보통 불안이 실제로 위험한 상황에서만 생긴다고 생각한다. 하지만 현실에서는 전적으로 안전한 상황에서도 대뇌 피질이 들어오는 감각 정보를 위험 신호처럼 해석하는 일이 자주 벌어진다. 그 이유는 대뇌 피질이 단순히 정보를 받아들이는 기관이 아니라, 정보를 의미로 바꾸는 해석자이기 때문이다. 문제는 이 해석이 언제나 정확하지 않다는 데 있다.

안전한 순간에도 뇌는 왜 위험을 상상할까

대뇌 피질은 눈앞에 보이지 않는 이면을 읽고, 상황에 추가적인 의미를 덧붙이는 데 탁월하다. 이 능력 덕분에 인간은 미래를 계획하고, 위험을 피하며, 문명을 발전시켜 왔다. 그러나 같은 능력이 때로는 전혀 필요 없는 위험을 만들어내기도 한다. 이 과정을 이해하려면 대뇌 피질 가운데서도 특히 전두엽을 살펴볼 필요가 있다.

전두엽은 아직 일어나지 않은 일을 미리 상상하고 예측하게 만든다. 우리는 전두엽 덕분에 미래의 결과를 따져보고 대비할 수 있다. 하지만 바로 이 능력 때문에 '예측 사고'(anticipatory thoughts)가 끊임없이 생성된다. 예측 사고 자체는 문제가 아니다. 사냥, 농사, 자녀 양육, 건축, 기술 발전 모두 예측 능력이 없었다면 불가능했을 것이다.

문제는 예측이 지나칠 때 생긴다. 인간은 결코 일어나지 않을 수도 있는 수많은 장면을 머릿속에서 반복 재생하며 괴로워한다. 누구나 가끔은 걱정에 사로잡히지만, 강박 장애가 있는 사람은 이런 생각에 하루 중 몇 시간을 빼앗긴다. 평범한 일상이 유지되지 않을 정도로 말이다. 아이러니하게도, 지능과 창의력이 뛰어난 사람들 가운데 일부는 그 능력을 총동원해 아주 정교하고 괴로운 생각을 만들어내는 뇌를 갖고 있다. 생각을 멈추거나 무시하는 것이 거의 불가능해 보일 정도다.

강박적인 생각이 반복되면 전두엽에서 떠오르는 생각과 이미지가 편도체를 자극한다. 실제 연구에서도 강박 장애가 있는 사람은 편도체뿐 아니라 전두엽 역시 더 강하게 활성화되는 경향을 보였다(Thorsen et al. 2018). 즉, 대뇌 피질이 상황을 어떻게 해석하느냐에 따라, 안전한 순간도 위협으로 바뀔 수 있다. 강박 장애의 뇌에서는 많은 안전한 장면이 편도체를 활성화하는 계기가 되는데, 이는 대부분 전두엽의 예측 해석 능력 때문이다.

생각이 편도체를 깨울 때　●

　마저리는 아들 테디를 욕조에서 씻기고 있다. 테디는 물속에서 얼굴을 담그고 보글보글 거품을 내며 즐겁게 놀고 있다. 아이에게는 그저 놀이일 뿐이다. 하지만 이 장면을 보는 마저리의 머릿속에는 전혀 다른 생각이 스친다.

　'아이가 물에 빠지면 어떡하지?'

　이 생각이 떠오르자 마저리의 몸에 공포가 밀려온다. 아이의 머리를 물속에 밀어 넣는 장면이 상상되고, 작은 아이를 물에 빠뜨리는 일이 얼마나 쉽게 일어날 수 있는지도 떠올린다. 생각은 괴롭지만, 동시에 '혹시 내가 정말 그런 일을 할 수 있는 건 아닐까?'라는 의문까지 생긴다. 결국 마저리는 테디를 씻기는 일이 두려워져 남편에게 맡기고, 아이가 목욕하는 모습을 보는 것조차 피하게 된다.

　이 장면에서 중요한 것은, 불안을 만들어낸 것이 사건

자체가 아니라 마저리의 해석이라는 점이다. 테디가 물속에서 거품을 낸다는 감각 정보는 중립적이다. 하지만 마저리는 이를 아이가 물에 빠질 수 있는 위험한 상황으로 해석했다. 편도체는 아이의 놀이에 반응한 것이 아니라, 아이를 잃을지도 모른다는 생각에 반응했다.

사실 이 순간 마저리의 머릿속에는 전혀 다른 생각이 떠오를 수도 있었다. 웃으며 사진을 찍거나, 아이에게 장난을 치거나, "물 마시지 마"라고 말할 수도 있었을 것이다. 그러나 특정한 생각 하나가 선택되어 편도체를 자극했고, 그 결과 불안이 생성되었다. 이 불안은 현실의 사건과 연결되어 있기는 하지만, 그 출발점은 대뇌 피질의 해석이었기 때문에 분명 대뇌 피질 기반 불안이다.

이처럼 의도하지 않았는데 갑자기 떠오르는 생각을 '침투적 사고(intrusive thoughts)'라고 부른다. 이런 생각은 누구에게나 매우 흔하다. 연구에 따르면 사람들의 80~90퍼센트가 타인을 해치거나 끔찍한 사고, 자살이나 절대 실행하지 않을 행동에 대한 원치 않는 생각을 경험한다(Rachman and de Silva 1978; Radomsky et al. 2014). 차이는 생각의 내용이 아니라, 그 생각에 얼마나 집중하고 어떤 의미를 부여하느냐에 있다.

마저리의 경우, 아이가 물에 빠진다는 생각 자체에는 아무런 의미가 없었다. 오히려 그 생각이 무섭게 느껴진다는 사실은 그녀가 아이를 보호하려는 엄마라는 증거다. 하지만 그녀는 생각과 불안을 예견으로 해석했고, 편도체가 활성화되자 그 불안을 진짜 위험의 신호로 받아들였다. 이렇게 대뇌 피질이 만든 생각이 편도체를 깨우고, 편도체가 만든 불안이 다시 생각을 강화하는 악순환이 시작된다.

대뇌 피질에는 한 가지 분명한 법칙이 있다.

"가장 자주 쓰이는 회로가 가장 강해진다. 생각을 반복할수록 그 회로는 더 단단해진다."

이것이 생각이 습관이 되고, 불안이 굳어지는 이유다.

감각 정보를 동반하지 '않는' 대뇌 피질 기반 불안 : 무의식적 불안

불안은 언제나 어떤 자극에서 시작되는 것처럼 느껴진다. 하지만 실제로는 아무런 감각 정보가 없어도 불안이 시작되는 경우가 적지 않다. 눈앞에 위험한 장면이 있는 것도 아니고, 위협적인 소리를 들은 것도 아닌데, 갑자기 불안해지는 순간 말이다. 이런 경우 불안은 외부가 아니라 대뇌 피질에서 만들어진 생각과 상상에서 출발한다.

이는 사람이 전적으로 안전한 상황에 있음에도 불구하고, 대뇌 피질이 편도체를 활성화할 수 있다는 뜻이다. 강박 장애에서는 이런 유형의 불안을 크게 두 가지로 나눌 수 있다. 하나는 사고 기반 불안, 다른 하나는 상상 기반 불안이다.

생각이 불안을 키울 때 : 사고 기반 불안　　●

사고 기반 불안은 주로 언어와 논리적 추론을 담당하는 좌뇌에서 발생한다. 좌뇌는 걱정과 반추를 담당하는 영역이기도 하다(Engels et al. 2007). 여기서 말하는 걱정이란, 어떤 상황에서 부정적인 결과가 나타날 가능성을 계속해서 따져보는 사고 과정이다.

예를 들면 이런 식이다.

"만약 일이 잘못되면 어쩌지?"

"이 선택이 나중에 큰 문제를 만들지는 않을까?"

걱정은 얼핏 보면 매우 합리적이고 책임감 있는 태도처럼 보인다. 실제로 우리는 걱정을 통해 문제를 예방하고 대비해 왔다. 하지만 걱정이 과해지면, 문제를 해결하기는 커녕 불안을 증폭시키는 방향으로만 작동한다(4장에서 살펴보겠지만, 걱정은 강박 장애를 강화하는 중요한 요인 중 하나다).

비슷한 사고 방식으로 반추(rumination)가 있다. 반추는 이미 지나간 일이나 관계, 갈등 가능성 등을 끝없이 되짚으며 생각하는 방식이다. "그때 왜 그런 말을 했을까?", "상대는 왜 그렇게 행동했을까?" 같은 질문을 머릿속에서 반복한다. 반추하는 동안 우리는 상황의 세부 사항과 가능한 원인, 결과를 계속해서 곱씹는다(Nolen - Hoeksema 2000).

많은 사람들은 걱정이나 반추가 도움이 된다고 믿는다. 오래 생각하면 해결책이 나올 것 같기 때문이다. 하지만 연구 결과는 정반대를 보여준다. 걱정은 신체적 스트레스를 증가시키고(Virkul et al. 2009), 반추는 우울로 이어질 가능성을 높인다(Nolen - Hoeksema 2000). 생각을 더 많이 한다고 해서 상황이 나아지는 것은 아니다. 오히려 뇌는 계속해서 위험을 탐색하며 편도체를 자극한다.

머릿속 장면이 불안을 만들 때 : 상상 기반 불안　　　　　　　　●

대뇌 피질의 또 다른 영역인 우뇌는 전혀 다른 방식으로 편도체를 활성화한다. 우뇌는 좌뇌처럼 논리적이거나 언어 중심적이지 않다. 대신 비언어적이고 전체적이며 직관적인 방식으로 정보를 처리한다. 우리는 우뇌를 통해 시각적 이미지, 상상, 몽상, 직관을 경험한다. 얼굴을 알아보고,

분위기를 읽고, 감정을 느끼고 표현하는 데도 우뇌가 관여한다. 이런 특성 때문에 우뇌는 이미지를 통해 불안을 키우는 데 매우 능숙하다.

앞서 마저리의 사례에서 아이를 물에 빠뜨리는 장면을 떠올린 것은 좌뇌의 논리적 사고가 아니라 우뇌에서 만들어진 시각적 상상이었다. 폭력적이거나 성적인 장면을 머릿속에 생생하게 떠올릴 때, 또는 배우자가 실망한 표정으로 나를 바라보는 모습을 상상할 때도 우뇌가 작동한다.

상상력이 뛰어난 사람일수록 이런 이미지가 더 생생해진다. 그 결과 우뇌에서 생성된 공포스럽고 스트레스를 유발하는 이미지가 편도체를 자주 활성화한다. 실제로 연구에 따르면, 단순히 걱정하는 것보다 괴로운 이미지에 집중할 때 편도체의 반응이 더 심해지는 경향이 있다(Freeston, Dugas, and Ladouceur 1996).

생각과 상상은 왜 이렇게 힘이 셀까 ●

이처럼 대뇌 피질은 생각, 해석, 걱정, 반추, 그리고 무서운 이미지를 통해 아무 일도 없는데도 편도체를 깨울 수 있는 능력을 갖고 있다. 사람들은 보통 이 과정을 편도체보다 대뇌 피질 쪽에서 더 잘 인식한다. 이유는 간단하다. 우리는 편도체의 작동을 직접 느끼기보다는, 머릿속에서 떠오르는 생각과 이미지를 훨씬 잘 자각하기 때문이다.

또 하나 중요한 차이가 있다. 대뇌 피질의 일부 영역은 편도체보다 상대적으로 우리의 통제가 더 잘 통한다. 편도체의 반응은 자동적이지만, 대뇌 피질에서 일어나는 사고 과정은 어느 정도 조절이 가능하다. 바로 이 지점에서 인지 치료가 등장한다.

인지 치료는 대뇌 피질에서 생성된 생각과 이미지를 다루는 데 초점을 맞춘 접근법이다. 인지 치료의 대가 아론 벡(Aaron Beck)과 심리학자 앨버트 엘리스(Albert Ellis)는 사람들이 자신의 생각을 다르게 바라보도록 돕는 것만으로도 다양한 심리적 증상이 완화될 수 있음을 보여주었다. 이후 연구에서도 인지 치료가 강박 장애 증상을 의미 있게 개선할 수 있음이 확인되었다(Whittal, Thordarson, and McLean 2005).

물론 생각을 바꾸는 일은 언제나 쉽지 않다. 하지만 대뇌 피질에서 일어나는 과정을 조정하면, 편도체가 과잉 반응하는 상황을 피하거나 완화하는 데 도움이 될 수 있다.

대뇌 피질 불안도 결국
몸으로 떨어진다 : 신체화 과정

불안은 왜 결국 편도체로 향할까 ●

대뇌 피질 기반 불안은 이름 그대로 대뇌 피질에서 시작된다. 하지만 불안이 실제로 몸의 반응과 감정으로 나타나기 위해서는 반드시 편도체의 개입이 필요하다는 점을 기억해야 한다.

편도체는 대뇌 피질이 전달하는 위협 정보나 위험 가능성을 감지하면 곧바로 방어 반응을 시작한다. 심장이 빨라지고, 호흡이 가빠지며, 몸은 즉시 대비 상태로 들어간다. 우리가 두려움이나 불안을 느낄 때, 그 감각은 바로 이 과정에서 비롯된다.

신경과학 연구에 따르면, 편도체에서 대뇌 피질로 향하는 신경 연결은 매우 많은 반면, 대뇌 피질에서 편도체로 향하는 연결은 상대적으로 적다(LeDoux 2002). 이 구조는 중요한 사실을 말해준다. 편도체는 대뇌 피질에서 일어나는 일을 끊임없이 관찰하고 영향을 주지만, 대뇌 피질이 편도체를 직접적으로 감독하거나 통제하는 힘은 그만큼 강하지 않다는 것이다.

그래서 우리는 감정을 이성적으로 통제하기가 어렵다.

머리로는 "괜찮다"고 이해해도, 몸과 감정이 먼저 반응해 버리는 경험을 하게 된다. 많은 경우, 감정이 우리를 이끄는 것처럼 느껴지는 이유도 여기에 있다.

편도체는 생각과 상상을 현실처럼 받아들인다

대뇌 피질과 편도체의 관계에서 가장 중요한 점은, 대뇌 피질에서 생성된 생각과 이미지가 편도체 반응에 매우 강력한 영향을 미친다는 사실이다. 이를 설명할 때 우리는 종종 "편도체가 대뇌 피질의 텔레비전을 본다"는 비유를 쓴다. 편도체에서 대뇌 피질로 향하는 연결이 많기 때문에, 편도체는 대뇌 피질에서 어떤 생각과 장면이 재생되고 있는지를 계속 지켜보고 있다고 볼 수 있다.

대뇌 피질에 위협적인 생각이나 괴로운 이미지가 떠오르면, 편도체는 그것을 현실의 위험처럼 받아들여 방어 반응을 일으킨다. 반대로, 대뇌 피질이 안심되는 이미지나 생각을 만들어낼 경우 편도체가 평온을 유지하는 데 도움을 줄 수도 있다. 다만 여기에는 분명한 한계가 있다. 편도체가 이미 활성화된 뒤에는, 신체가 진정되기까지 시간이 필요하다는 점이다. 고요한 생각이나 이미지는 도움이 되지만, 이미 시작된 생리적 반응을 즉각 되돌릴 수는 없다.

많은 사람들은 편도체가 실제로 일어난 일에만 반응할

거라고 생각한다. 하지만 편도체는 대뇌 피질이 상상한 일에도 거의 같은 방식으로 반응한다. 신경과학자들 역시 편도체가 사실에 기반한 생각과 상상이나 추측을 명확히 구분하는지는 아직 알지 못한다(LeDoux 2015). 끔찍한 장면을 상상만 했을 뿐인데도 심장이 뛰고 몸이 굳어버린 경험이 있다면, 이는 편도체가 상상을 현실처럼 받아들였기 때문이다.

이런 반응은 진화적으로 보면 매우 합리적이다. 생각과 상상을 사실처럼 다루는 편이 생존에 유리했기 때문이다. 샬럿의 사례를 떠올려 보자. 어느 날 저녁, 그녀는 누군가 뒷문으로 들어오는 익숙한 소리를 들었다. 편도체는 이 소리를 위험 신호로 인식하지 않았다. 매일 밤 남편이 들어올 때 들리던 소리였기 때문이다. 하지만 대뇌 피질은 다른 정보를 알고 있었다. 남편은 낚시 여행을 떠나 집에 없다는 사실이다.

이 정보를 종합한 대뇌 피질은 "낯선 사람이 집에 들어오고 있을지도 모른다"는 생각과 이미지를 만들어냈고, 그 결과 편도체가 활성화되었다. 샬럿은 심장이 빨라지고 주변 소리에 민감해졌으며, 탈출 경로를 찾는 데 주의를 집중했다. 만약 실제 침입자가 있었다면, 이런 반응은 그녀의 생명을 구했을 것이다.

하지만 같은 구조는 불필요한 불안을 낳기도 한다. 아무 소리도 없고 집이 조용한 밤, 샬럿이 침대에 누워 있을 때 대뇌 피질이 침입 장면을 상상한다면 어떨까. 실제 위험의 증거는 하나도 없지만, 편도체는 이 상상에 반응해 방어 반응을 시작한다. 심장이 뛰고, 두려움이 밀려온다. 동시에 그녀는 "아무 일도 없을 수 있다"는 사실을 알고 있지만, 감정은 이미 편도체에서 시작되었기 때문에 쉽게 가라앉지 않는다.

이처럼 편도체는 대뇌 피질에 의존해 정보를 얻고 대응한다. 어떤 경우에는 이 선택이 생명을 구하지만, 어떤 경우에는 전혀 필요 없는 불안을 만들어낸다. 어떤 상황이든, 편도체가 개입하면 신체 감각과 불안이 함께 따라온다. 그래서 우리는 지금이 정말 위험한지 아닌지를 판단하기가 더 어려워진다.

다행히 희망적인 점도 있다. 우리는 대뇌 피질 기반의 생각과 이미지에 개입해 편도체 반응을 줄일 수 있다. 연습을 통해 다양한 전략을 사용하면, 편도체를 과도하게 자극하지 않는 방향으로 대뇌 피질을 재배선할 수 있다.

첫 단계는 편도체를 활성화하는 생각과 이미지를 알아

차리고, 그것을 그저 생각과 이미지일 뿐이라고 인식하는 것이다. 가능하다면 적어보는 것도 도움이 된다.

하지만 본격적으로 대뇌 피질을 다루기 전에, 강박 장애를 특히 심화시키는 두 가지 문제를 더 이해할 필요가 있다. 걱정과 강박 사고다.

생각을 사실로 착각하는
'인지적 융합'이 불안의 시나리오를 쓴다.

편도체가 본능적 경보라면, 대뇌피질은 정교한 상상으로 불안을 제조한다. 강박은 대뇌피질이 편도체에게 끊임없이 공포 영화를 상영하는 것과 같다.

◎ **해석이 위협을 만든다** : 단순한 두통을 뇌종양으로 해석하는 순간, 대뇌피질은 편도체에 위협 신호를 보낸다. 실제 위험이 없어도 생각만으로 불안이 시작된다.

◎ **인지적 융합의 덫** : 머릿속에 떠오른 침투적 사고를 절대적 사실로 믿는 현상이다.

◎ **아이에게 공포 영화를 보여주지 마라** : 편도체는 대뇌피질이 보여주는 상상을 현실로 착각한다. 생각은 그저 전기 신호일 뿐임을 깨닫고 스크린의 채널을 돌려야 한다.

▶▶ **생각은 사실이 아니다. 단지 뇌의 스크린에 맺힌 잔상일 뿐이다. 4장에서는 우리를 가장 지치게 만드는 두 무기, 걱정과 강박 사고가 어떻게 뇌에 뿌리내리는지 살펴본다.**

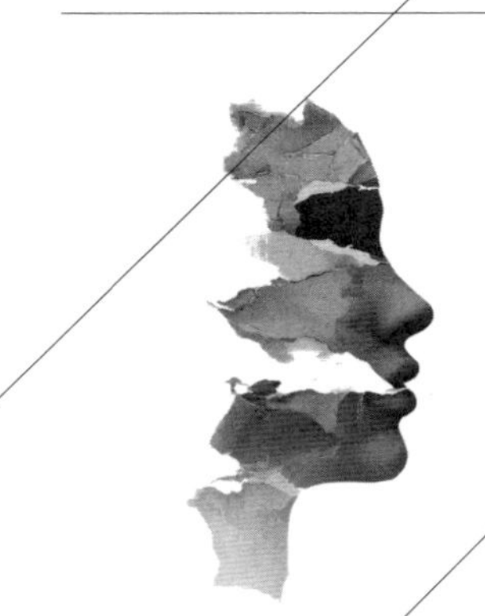

REWIRE YOUR BRAIN

4장

미래를 예측하는 지능이
때로는 감옥이 된다

: 걱정의 뿌리

우리는 인간의 놀라운 뇌 능력을 이야기할 때 흔히 대뇌 피질에 주목한다. 대뇌 피질은 한 번도 본 적 없는 것들을 상상하고, 미래를 계획하며, 새로운 것을 창조하는 인간 특유의 능력의 근원이다. 문명과 예술, 과학과 기술은 모두 이 능력에서 비롯되었다.

하지만 이제 우리는 이 능력에 대가가 따른다는 사실도 배우고 있다. 인간은 실제로 일어나지 않을 일까지 상상할 수 있기 때문에, 대뇌 피질은 때로 불필요한 불안의 원천이 된다.

우리는 대뇌 피질에서 떠오르는 생각의 중요성과 정확성을 과대평가하는 경향이 있다. 하지만 대뇌 피질이 실제로 무엇을 잘하고, 무엇에는 한계가 있는지를 이해한다면, 걱정과 강박 사고가 삶을 잠식하지 못하도록 스스로를 지키는 법을 배울 수 있다.

예측하는 뇌: 축복이자 저주

앞서 살펴보았듯이, 인간의 대뇌 피질은 미래의 사건과 그 결과를 미리 그려볼 수 있는 능력을 가지고 있다. 우리는 일어날 수 있는 일을 미리 생각하고 대비하는 사고 과정, 즉 예측을 끊임없이 경험한다.

예측을 하기 위해 대뇌 피질은 아직 일어나지 않은 사건을 고려하고, 장면을 시각화하며, 다양한 가능성을 머릿속에서 시뮬레이션한다. 이 과정에는 여러 대뇌 피질 영역이 협력하는데, 연구자들이 아직 모든 회로를 완전히 밝혀내지는 못했지만(Andrzejewski, Greenberg, and Carlson 2019; Grupe and Nitschke 2013), 핵심 회로 상당수가 전두엽, 즉 이마 뒤쪽의 대뇌 피질에 위치한다. 이 부위는 강박 장애와 관련된 여러 신경 과정이 일어나는 곳이기도 하다.

예측은 분명 축복이다. 우리는 긍정적인 예측을 통해 기대와 의욕, 흥분을 느낀다. 하지만 동시에 예측은 저주가 될 수도 있다. 우리는 원하지 않는 일, 심지어 끔찍한 일까지도 미리 상상할 수 있기 때문이다. 특히 강박 장애를 겪는 사람에게 부정적인 예측은 극심한 스트레스를 안긴다.

일어나지 않을 일로 미리 고통받는다는 것

부정적인 예측은 강박 장애에서 핵심적인 문제다. 이미

살펴보았듯이, 대뇌 피질은 안전한 상황에서도 위협적인 생각과 이미지를 만들어 편도체를 활성화할 수 있다. 예측은 불안을 크게 키우며, 강박 장애에서는 그 초점이 오염, 완벽주의, 종교적 문제, 성적 생각, 타인에게 해를 끼칠 가능성, 관계 문제 등 다양한 주제로 이동한다.

여기서 스스로에게 질문해볼 수 있다. 당신은 예측하는 능력을 이용해 자주 불안에 빠지는가? 대뇌 피질이 충분히 안전한 하루를, 걱정과 긴장으로 가득 찬 하루로 바꾸는가?

흥미롭게도, 예측하는 상황이 긍정적인지 부정적인지는 크게 중요하지 않다. 예를 들어 누군가에게 데이트를 신청하려는 젊은 남자를 떠올려 보자. 그는 상대가 호의적으로 반응하는 장면도 상상할 수 있고, 거절당하는 장면도 상상할 수 있다. 만약 부정적인 반응을 떠올린다면, 그 생각과 이미지가 편도체를 활성화해 불안을 느낄 가능성이 높아진다.

중요한 점은, 그 상황이 실제로 일어나지 않더라도 불안은 이미 시작될 수 있다는 것이다. 더 나아가, 그 상황이 결국 일어난다 해도 우리는 그 일을 한 번만 겪는 것이 아니라, 일어나기 전부터 여러 번, 그것도 가장 부정적인 방식으로 반복 경험한다.

다음 문장들 중 자신에게 해당하는 것이 얼마나 되는지

살펴보자.

◎ 불안의 증상들

☐ 위험이나 질병 가능성이 있으면 반드시 고려해야 할 것 같다.

☐ 무언가를 찾기 어렵다고 느끼는 순간, 절대 못 찾을 것 같은 기분이 든다.

☐ 일어날 수 있는 문제에 대비해 계획을 세워야 마음이 놓인다.

☐ 누군가에게 화가 날 만한 말을 계속 곱씹는다.

☐ 어떤 일이 일어나기 몇 달 전부터 심하게 걱정한다.

☐ 실제로 벌어지지 않은 문제의 해결책을 오랫동안 붙잡고 있다.

☐ 발표나 공연이 예정되면 그 생각에서 벗어나기 어렵다.

☐ 나에게 불리할 수 있는 상황이 자동으로 떠오른다.

☐ 일이 잘못될 가능성을 알게 되면 계속 그 생각을 한다.

☐ 갈등이 일어날 수 있다고 느끼면 그 생각이 오래 지속된다.

불안은 예언이 아니라 반복이다

　부정적인 예측 경향은 타인에게 해를 끼칠까 두려워하는 사람이나 오염에 대한 강박을 가진 사람들에게 특히 흔하다. 이런 경향이 강할수록, 그 생각은 편도체를 자주 활성화하고 삶에 필요 이상의 불안을 만들어낸다.

물론 누구나 인생에서 어려움을 겪는다. 하지만 아무 일도 일어나지 않았는데, 대뇌 피질 속에서 그 일을 계속 살아갈 필요는 없다. 예를 들어 실제로는 전혀 그런 일이 없는데도, 자신이 어린 딸에게 알레르기 유발 음식을 먹였다는 생각으로 몇 달씩 괴로워하는 경우가 있다. 이는 다른 채널이 많은데도 불안 채널만 계속 틀어놓은 상태와 같다.

중요한 사실은 이것이다. 특정 상황이 가까워질수록 예측과 불안이 함께 증가하긴 하지만, 불안이 커진다고 해서 나쁜 일이 실제로 일어난다는 뜻은 아니다. 단지 예측이 더 많아졌다는 의미일 뿐이다.

우리 모두 시험을 앞두고 극도로 긴장했지만, 막상 시험을 잘 치른 경험이 있다. 발표를 앞두고도 마찬가지다. 대개 가장 불안한 순간은 발표 직전이다. 하지만 발표를 시작하고, 자신의 말에 집중하기 시작하면 불안은 서서히 낮아진다. 어떤 사람들은 "이렇게 긴장하는 걸 보니 시작하면 더 떨리겠지"라고 생각하지만, 예측은 그렇게 작동하지 않는다.

일이 일어나기 전, 대뇌 피질은 더 많은 가능성을 예측하고, 편도체는 그에 반응해 더 많은 불안을 만들어낸다. 그러나 그 예측은 정확한 예언이 아니다.

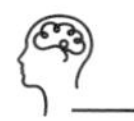

'만약에'라는 질문이 멈추지 않는 비극
: 예측의 저주

예측하는 뇌가 만들어낸 사고, 걱정

인간은 예측하는 능력을 갖고 태어났다. 이 능력 덕분에 전두엽에는 예측 사고 과정을 활용하도록 특별히 설계된 회로가 발달했고, 이 회로는 우리가 흔히 걱정이라고 부르는 사고 유형을 만들어낸다.

동물들은 이런 식의 사고로 괴로워하지 않는다. 하지만 인간은 예측하는 능력 덕분에, 아직 오지 않은 미래의 위협을 반복적으로 떠올리며 그 속에 깊이 빠져들 수 있다. 우리는 절대 일어나지 않을지도 모를 수많은 일을 걱정하며 고통받고, 완전히 상상 속에서 만들어낸 상황에 편도체를 밀어 넣는다.

만약 우리가 걱정을 잠시 내려놓고, 반려견들이 그렇듯 현재 순간에 머무를 수 있다면, 불안은 지금보다 훨씬 줄어들지도 모른다.

우리는 왜 걱정을 하면 오히려 안심하는 것처럼 느낄까

걱정은 우리를 현재 순간에서 끌어내어, 부정적인 잠재적 결과의 세계로 밀어 넣는다. 그리고 절대 일어나지 않을 수도 있는 무서운 생각과 이미지를 손에 쥐여 준다. 우리는 스스로에게 묻게 된다. '나는 왜 이렇게까지 걱정하는 걸까?'

연구자들은 흥미로운 사실 하나를 발견했다. 사람들은 걱정을 하면 오히려 약간 안심하는 느낌을 받는다는 것이다. 왜 그럴까? 한 가지 이유는 걱정이 생각 기반 과정이기 때문이다. 걱정을 시작하면, 사람들은 불안을 훨씬 강하게 자극하는 시각적 이미지에서 벗어나, 언어와 논리로 이루어진 관념의 세계로 이동한다(Freeston, Dugas, and Ladouceur 1996; Hirsch et al 2012). 이미지는 생각보다 훨씬 강한 불안을 일으킨다(Vrana, Cuthbert, and Lang 1986).

대뇌 피질에 무서운 이미지가 떠오르면, 왼쪽 전두엽에서 일련의 생각이 활성화되면서 오른쪽 뇌에서 만들어내는 이미지에 대한 집중이 줄어든다. 영화에 비유해 말하자면, 화면 가득 고통스럽고 폭력적인 장면이 나오자 그 방을 떠나 옆방으로 이동한 것과 같다. 장면은 더 이상 보이지 않지만 영화의 소리는 여전히 들린다.

걱정하는 자신을 주의 깊게 관찰해 보면, 이미지를 분석 가능한 생각의 형태로 바꾸고 있다는 사실을 알아차릴 수 있을 것이다. 이 덕분에 잠시 안심하는 느낌이 들지만, 안타깝게도 대뇌 피질은 여전히 같은 주제에 머문다. 편도체 역시 무서운 이미지를 볼 때보다는 덜하지만, 여전히 방어 반응을 유지한다. 실제로 걱정은 심박수를 높이는 것으로 나타났으며(Virkuil et al 2009), 분명히 부정적인 신체 반응을 만들어낸다.

걱정은 문제 해결이 아니라 문제 유지다

많은 사람들은 걱정을 도움이 되는 과정으로 오해한다. 하지만 실제로는 그렇지 않은 경우가 훨씬 많다. 걱정은 생리적 각성을 높일 뿐 아니라, 불안을 계속 유지하는 역할을 한다. 이유는 간단하다. 걱정은 해법을 찾기보다는, 부정적인 결과를 곱씹는 데 더 많은 에너지를 쓰기 때문이다.

물론 걱정이 계획이나 문제 해결로 이어질 수도 있다. 하지만 걱정 그 자체가 문제 해결은 아니다. 걱정은 계획을 세우기보다는 "잘못되면 어쩌지?"라는 질문을 반복하며 우리를 지치게 만든다. 그래서 19세기 작가 존 러벅은 이렇게 말했다.

"걱정하는 하루는 일하는 일주일보다 더 피곤하다."

걱정은 뇌에서 어떻게 굳어질까

걱정은 단순한 성격 문제가 아니라, 복합적인 뇌 회로의 결과다. 이 과정에서 전두엽은 특히 중요한 역할을 한다 (Paulesu et al. 2010).

전두엽 가운데 눈과 이마 바로 뒤에 위치한 전전두피질 (prefrontal cortex)은 좋거나 나쁜 예측 결과를 포함한 다양한 사고 과정을 수행한다. 또 하나 중요한 영역은 전대상피질(anterior cingulate cortex)이다. 이 부위는 미래 상황에 어떻게 대응할지를 결정하는 역할을 하며(Paulesu et al. 2010), 뇌의 중심에 가까운 비교적 오래된 구조다. 강박 장애에서도 전대상피질은 중요한 역할을 하는 것으로 알려져 있다(Paul et al. 2018). 실제로 최근 연구에서는 강박 장애가 있는 사람들의 전대상피질에서 구조적·대사적 이상이 발견되었고, 이는 이 회로가 증상 형성에 관여할 수 있음을 시사한다.

전대상피질은 대뇌 피질과 편도체를 연결하는 다리 역할을 한다(Silton et al. 2011). 이 연결이 원활해야 생각과 감정이 자연스럽게 흘러가는데, 어떤 사람들은 특정한 생각이나 이미지에 갇혀버린다. 정보가 빠져나가지 못하고, 같은 회로를 맴돌며 반복되는 것이다. 정확한 이유는 아직 밝혀지지 않았지만, 일부 증거는 기저핵의 정보 처리 이상이 이 과정에 관여할 수 있음을 시사한다(Welter et al. 2011).

이 현상을 걱정에 적용해 보면, 잠재적 문제에 대한 생각을 반복하며 걱정을 내려놓지 못하는 것은 전대상피질의 작동 문제일 수 있다. 우리는 이를 전두엽의 잘못된 걱정 회로라고 부른다. 컴퓨터가 무한 루프에 빠져 다음 단계로 넘어가지 못하는 것과 비슷하다.

전대상피질이 이 지점에서 멈춰 있으면, 전전두피질은 위협을 평가한 뒤 문제 해결이나 계획 단계로 이동하지 못한다. 그래서 걱정이 중심 문제인 사람들은 "~하면 어쩌지?"라는 생각에서 길을 잃는다. 가능한 모든 부정적인 경우를 상상하지만, 정작 해결책으로는 나아가지 못한다. 심지어 다른 생각으로 주의를 돌리는 일조차 어려워진다.

아래 문장들에 동의하는 항목이 많다면, 당신은 걱정 채널에 쉽게 갇히는 편일 수 있다.

◎ 걱정 채널 증상들

□ 특정 상황에서 잘못될 수 있는 온갖 일을 아주 잘 상상한다.

□ 문제 하나를 해결하면 또 다른 문제를 찾아낸다.

□ 부정적인 사건에 대비하지만, 실제로는 거의 일어나지 않는다.

☐ 사소한 걱정을 많이 하는 편이라는 걸 알고 있다.

☐ 사람들이 한 말을 잘 지킬 거라고 믿지 않는다.

☐ 증상이 아직 밝혀지지 않은 질병 때문일까 걱정한다.

☐ 다른 일에 몰두할 때는 불안이 줄어든다.

☐ 모든 일이 잘 풀려도 잘못될 가능성을 떠올린다.

☐ 조금이라도 어긋날 가능성이 있으면 계속 곱씹는다.

☐ 걱정 때문에 잠들기 어렵다.

☐ 걱정하지 않으면 오히려 일이 잘못될 것 같다.

☐ 실망하지 않기 위해 차라리 최악을 기대한다.

불안해하면서도 걱정을 멈추지 못하는 역설적인 이유 : 걱정의 보상

내 의지와 상관없이 들이닥치는 생각 ●

강박 사고는 "침투적이며 원치 않는 반복적이고 지속적인 생각, 충동, 이미지다… 대부분의 사람들에게 뚜렷한 불안이나 고통을 유발한다"(미국정신의학협회 2013)고 정의된다. 쉽게 말하면, 어떤 생각이나 상상, 충동이 싫고 괴로운데도 자꾸 떠오르며, 반복적으로 돌아오는 경우다.

걱정이 내가 걱정하고 있다는 것을 비교적 자각할 수 있는 과정이라면, 강박 사고는 종종 우리에게 닥치는 경험에 가깝다. 침투적이고 원치 않으며 통제할 수 없다는 느낌이 강하다. 바로 이 통제 불가능함이 강박 사고를 특히 힘들게 만든다. 원치 않는 시간에 나타나 삶을 방해하고, 생각보다 많은 시간을 잡아먹는다.

흥미롭게도, 어떤 사람의 뇌는 한 가지 생각에 집중하고 반복하는 능력을 요구하는 강박에 더 취약해 보인다. 이 집중력은 어떤 환경에서는 매우 유용한 능력이다. 목표를 이루고 문제를 해결하려면, 한 사안에 몰입해 세부를 끈질기게 검토해야 하기 때문이다. 하지만 그 끈질긴 집중력이 필요하지 않은 생각에 붙들릴 때, 삶의 질은 크게 흔들린다.

걱정과 강박 사고는 왜 다르게 괴로운가　●

강박 사고의 두 번째 핵심 특징은 그것이 불안과 고통을 직접적으로 유발한다는 점이다. 걱정에서는 미래에 나타날지도 모르는 결과가 고통의 중심이라면, 강박 사고는 생각·이미지·충동 자체가 이미 고통스럽다.

그 고통은 종종 인지적 융합에서 더 커진다. 인지적 융합이란 생각·이미지·충동을 현실을 가리키는 정확한 지표로 받아들이는 경향이다. "이런 생각이 떠오른다는 건, 뭔가 의미가 있다"라고 믿는 순간 문제가 시작된다. 생각을 사실처럼 받아들이면 편도체가 활성화될 가능성도 커진다.

강박 사고는 오염, 폭력, 손해, 질병, 종교, 성 등 주제가 다양하지만 공통점이 있다. 반복적이고 집요하다는 것이다. 그렇다면 질문은 하나로 모인다.

무엇이 생각과 이미지를 이렇게 반복적이고 집요하게 만드는가? 이를 이해하려면 대뇌 피질이 생각을 생성하고 유지하는 방식, 즉 생각의 신경학을 살펴봐야 한다.

 ## 왜 어떤 생각은 유독 더 끈질기게 되풀이될까
: 반복의 굴레

강박 장애로 고통받는 사람이라면, 증상이 뇌의 어느 부위·어떤 회로와 관련되는지 아는 것만으로도 "내가 이상해서가 아니었구나" 하는 이해와 위안을 얻을 수 있다.

우리는 뇌가 논리적인 절차에 따라 움직일 것이라 짐작하지만, 실제로 뇌는 논리보다 이미 만들어진 연결에 따라 반응한다. 그리고 이 사실을 이해하면 삶에서 반복되는 패턴을 해석하는 데 큰 도움이 된다.

더 나아가, 걱정·강박 사고·불안 생성에 관여하는 뇌

부위를 이해하면, 그 부위들이 반응하는 방식을 바꿀 수 있는 방향도 보이기 시작한다.

뉴런과 시냅스: 생각은 회로로 만들어진다　●

뇌는 수십억 개의 뉴런(neuron), 즉 신경 세포가 서로 연결되어 이루어져 있다. 연결된 뉴런들은 회로를 형성하고, 그 회로는 기억을 저장하며 생각과 이미지, 충동을 만들어 내고 행동을 촉발한다.

중요한 점은 이 회로가 변할 수 있다는 사실이다. 우리 뇌에는 경험에 따라 연결과 구조, 반응 패턴을 바꾸는 능력, 즉 신경 가소성이 있기 때문이다. 예를 들어, 선생님이 5 곱하기 3은 15를 반복해 가르치면, 뇌는 5×3을 저장하는 회로와 15를 저장하는 회로 사이에 연결을 만든다. 또 맥도날드의 황금 아치를 보면 곧바로 따뜻하고 짭짤한 감자튀김이 떠오르는 것도 비슷한 원리다. 특정 경험이 반복되면 관련 뉴런들이 자주 함께 활성화되면서 연결이 강화된다.

이 원리를 알면, 강박 사고·강박 행동·불안으로 이어지는 대뇌 피질 회로를 재배선할 전략을 설계할 수 있다.

뉴런은 크게 세 부분으로 이루어진다.

- 세포체: 뉴런의 본체로 세포를 유지하는 장치가 들어 있다.

- 수상 돌기: 다른 뉴런으로부터 메시지를 받는 가지.

- 축삭: 메시지를 보내는 통로. 끝부분을 축삭 종말이라 부른다.

축삭 종말과 수상 돌기는 실제로 붙지 않는다. 둘 사이에는 작은 간격이 있고, 이 공간이 바로 시냅스(synapse)다. 축삭 종말은 시냅스를 향해 신경 전달 물질이라는 화학 물질을 내보내며 메시지를 전달한다. 아드레날린, 세로토닌, 도파민 등이 대표적이다. 어떤 전달 물질은 다음 뉴런을 흥분시키고, 어떤 것은 억제한다.

신경 전달 물질은 다음 뉴런의 수상 돌기에 있는 수용체 지점에 결합한다. 자물쇠에 열쇠가 맞물리듯 결합이 충분

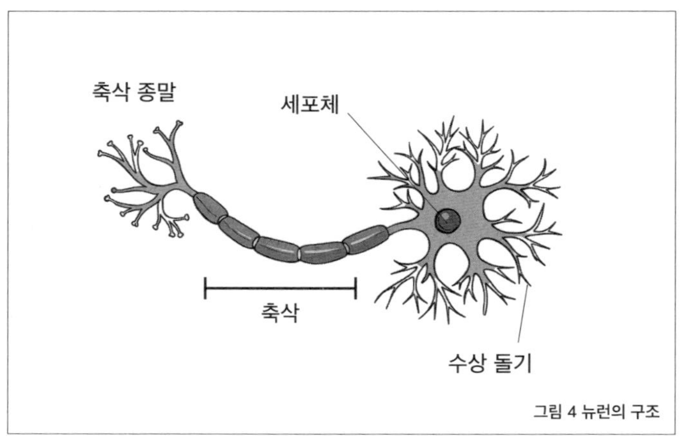

그림 4 뉴런의 구조

하면 다음 뉴런은 점화(fire) 반응을 일으킨다. 전기 신호가 뉴런 안을 타고 이동해 축삭 종말에 도달하면 다시 전달 물질이 방출되고, 메시지 전달이 이어진다.

정리하면, 뉴런은 뉴런 사이에서는 화학적 메시지(신경 전달 물질)가, 뉴런 안에서는 전기 신호가 움직이며 작동한다. 우리가 보는 글자, 듣는 소리, 떠오르는 기억과 감정, 몸의 반응까지 모두 이 시스템 위에서 일어난다.

이 발견 이후 과학자들은 이 소통 과정을 표적으로 삼아 약을 개발하기 시작했다. 렉사프로(에스시탈로프람), 졸로프트(설트랄린), 이팍사(벤라팍신), 심발타(둘록세틴) 같은 약들은 시냅스의 전달 물질 양을 조정해 뉴런의 반응 패턴을 바꾸

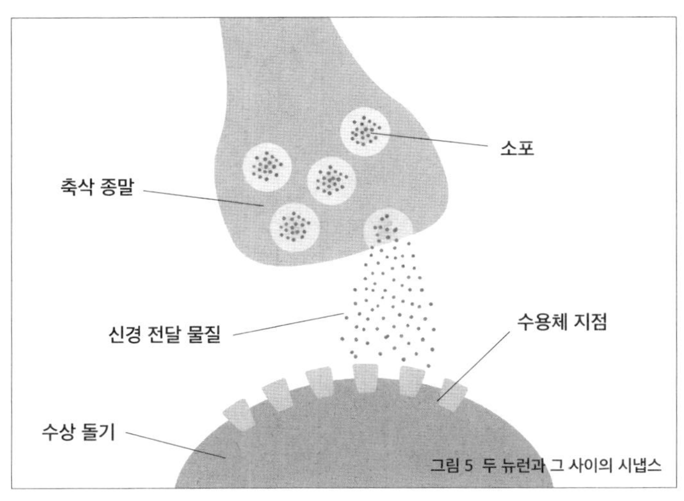

그림 5 두 뉴런과 그 사이의 시냅스

고, 그 결과 뇌 회로에 영향을 주도록 설계되었다.

뉴런 사이의 회로 조정하기 ●

캐나다 심리학자 도널드 헤브(Donald Hebb)는 뉴런이 회로를 만드는 원리를 설명했고(1949), 신경과학자 칼라 샤츠(Carla Shatz)는 이를 한 문장으로 요약했다.

"함께 점화하는 뉴런은 함께 연결된다."(Doidge 2007)

즉, 두 뉴런이 자주 동시에 활성화되면 그 사이 연결은 강해진다. 이런 일이 반복되면 회로 패턴이 발달하고, 결국 한 뉴런이 활성화될 때 다른 뉴런도 자동으로 활성화된다. 더 많은 뉴런들이 같은 방식으로 얽히면, 특정 생각·이미지·행동을 만들어내는 연결된 세트가 형성된다.

강박 장애를 겪는 사람은 무엇보다 반복에 익숙하다. 하지만 "반복이 회로를 강화한다"는 사실은 종종 놓친다. 어떤 생각을 그만하고 싶어서 그 생각과 계속 싸우는 것은, 뇌의 작동 방식과는 정반대다. 생각을 반복할수록 그 회로는 더 튼튼해진다.

원치 않는 연결을 약화시키고 새로운 연결을 만들려면, 그 회로를 다시 점화하는 대신 새 회로를 점화해야 한다.

익숙한 뉴런 대신 낯선 뉴런이 자주 활성화될수록 새로운
연결은 형성되고 강화된다.

새로운 회로 만들기

뇌는 태어날 때부터 연결을 기반으로 스스로 조직하지
만, 동시에 놀라울 정도로 유연하고 경험에 민감하다. 같은
'노인'이라는 단어를 들어도 누군가는 시가를 떠올리고, 누
군가는 농사를 떠올린다. 무엇이 무엇과 연결되는지는 경
험과 습관에 달려 있다. 갈색 얼룩을 볼 때마다 마른 핏자
국이나 배설물을 연상한다면, 그 연결은 당연히 강해진다.

반대로 어떤 회로를 사용하지 않으면 연결은 약해진다.
계산기에 익숙해지면 암산이 약해지고, 새 우편번호를 외
우면 옛 우편번호가 흐려지는 것도 같은 원리다. 그래서
신경 회로에는 "사용하지 않으면 잃어버린다"는 말이 적용
된다.

예를 들어 조카를 볼 때마다 '내가 아이를 해치면 어쩌
지?'라는 생각을 반복한다면, 조카와 상해 사이의 연결이
강화될 수 있다. 이때 뇌가 그 생각을 멈추게 하는 가장 좋
은 방법은, 조카를 볼 때마다 다른 회로를 활성화하는 것
이다. 아이가 공룡을 좋아한다면 공룡 이름을 몇 가지 말
해보며 아이의 반응을 살피는 식으로 주의를 전환할 수 있

다. 이렇게 새로운 주제에 집중하는 순간, 신경 회로에서 조카와 상해의 연결을 약화시키는 작업이 시작된다.

강박 사고를 줄이고 강박 행동을 감소시키려면, 결국 뇌에 새 회로를 만들어야 한다. 우리는 경험과 학습, 반복을 통해 새 연결을 만들 수 있다. 할머니라는 질문을 들으면 할머니의 이미지와 기억을 담은 뉴런 세트가 활성화되는데, 여기에 새로운 기억(예: 팔순 잔치에서 케이크 초를 부는 장면)을 추가하면 할머니 회로는 확장된다. 새로운 단어(예: 좀스럽다)를 정의와 함께 배워도, 반복해서 연습하지 않으면 그 연결은 만들어지지 않는다.

동시 점화는 동시 배선을 촉진한다. 어떤 회로는 반복이 너무 강해져 잊히지 않기도 하다. 알츠하이머 환자가 ABC 노래를 부를 수 있는 이유도 그 때문이다.

생각해서 줄어들지 않는

지금 강박 사고를 경험하고 있고 그것을 바꾸고 싶다면, 그 아래 깔린 신경 연결을 바꿔야 한다. 그 연결은 대뇌 피질에 있을 수도 있고 편도체에 있을 수도 있으며, 혹은 둘 다에 걸쳐 있을 수도 있다.

편도체에 의해 형성된 연결은 변화에 더 강하게 저항한다. 편도체의 학습을 돕기 위해서는 구체적인 경험이 필요하다(이 부분은 9장에서 다룬다). 반면 대뇌 피질 회로는 상대적으로 바꾸기 쉬운 편이고 방법도 더 다양하다(10장과 11장에서 다룬다). 독서, 지침, 논리, 경험, 반복 등이 대뇌 피질 회로에 영향을 준다.

강박적인 사고를 되풀이하면 대뇌 피질의 연결은 강해지고 그 생각은 더 쉽게 떠오른다. 화장실에 들어갈 때마다 오염을 떠올리고, 요청을 받을 때마다 "기대에 못 미칠 거야"라고 생각하면 그 회로는 강화된다. 아이를 볼 때마다 내가 위험하지 않을까를 점검해야 한다고 믿으면, 그 생각은 더욱 자주 떠오르도록 훈련되는 셈이다.

대뇌 피질의 회로는 '가장 바쁜 자가 살아남는다'는 원리에 따라 작동한다(Schwartz and Begley 2003). 반복 사용되는 회로는 미래에 더 쉽게 활성화된다. 그러므로 어떤 단어, 생각, 아이디어에 집중할수록 그 집중은 더 강해지고 더 빈번해진다. 대뇌 피질의 신경학을 이해하면 한 가지 결론에 이른다.

"어떤 생각을 계속 생각해서 그 생각이 줄어들 가능성은 거의 없다."

함께 점화하는 뉴런은 함께 연결된다는 원리를 이해하

면, 강박 사고와 싸우는 말들조차 때로는 그 생각을 강화할 수 있다는 점을 알게 된다. 하지만 반대로 말하면, 생각하는 방식을 바꾸면 뇌 회로를 바꿀 수 있다.

생존을 위한 '예측 능력'이
어떻게 통제 불능의 감옥이 됐는지 규명하라.

인간의 고등 능력인 예측은 강박 장애에서 자신을 공격하는 무기가 된다. 강박은 미래의 불확실성을 견디지 못하는 뇌의 몸부림이다.

◎ **저주가 된 축복, 예측 사고** : 인간은 전두엽 덕분에 미래를 대비하지만, 동시에 일어나지도 않을 최악의 상황을 상상하며 고통받는다. 강박은 뇌가 가장 나쁜 가능성에만 집착할 때 발생한다.

◎ **걱정은 해결책이 아니다** : 걱정은 준비가 아니라 불안 회로를 강화하는 반복 행위다. 걱정할수록 뇌의 불안 경로는 더 단단하게 고착된다.

◎ **감정은 예언자가 아니다** : 강렬한 불안감이 든다고 해서 실제로 재앙이 닥치는 것은 아니다. 시험 전의 공포가 성적을 결정하지 않듯, 강박적인 느낌은 당신의 현실과 아무런 상관이 없다.

▶▶ **지도를 다 읽었으니 이제 고문실의 문을 열 차례다. 이어지는 2부 (5~9장)에서는 날뛰는 편도체를 직접 진정시키고 뇌 배선을 다시 까는 본격적인 실전 전략을 시작한다.**

2부 몸의 훈련

이론적 이해를 마쳤다면 이제 본능의 뇌를 직접 재교육할 차례다. 신체의 방어 반응을 생물학적으로 재해석해 보고(5장), 이완 기술을 통해 과열된 뇌의 전원을 낮추는 실습을 시작한다(6장). 운동과 수면으로 뇌의 기초 체력을 보강한 뒤(7장), 편도체 특유의 소통 방식인 '편도체의 언어'를 익힌다(8장). 마지막으로 안전함을 몸소 체험하는 훈련을 통해 뇌의 회로를 건강하게 재배선하는 실전 단계로 나아간다(9장).

본능적인 불안을 어떻게 멈출까?

: 편도체 진정시키기

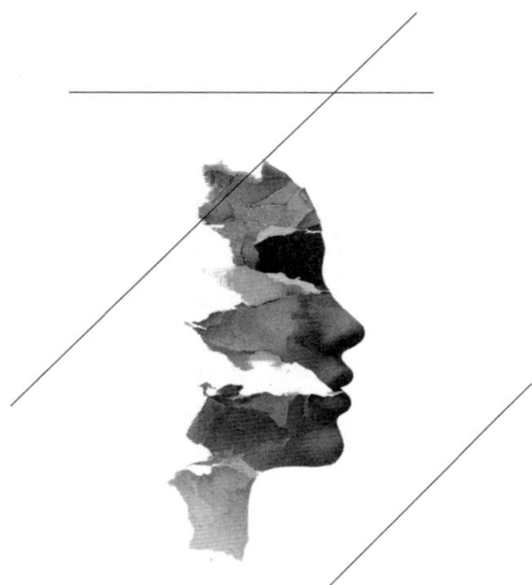

REWIRE YOUR BRAIN

5장

불안에 저항하지 말고 파도처럼 흘려보내라

: 방어 반응 대처법

편도체는 관련성 탐지기라고도 불린다(Sander, Grafman, and Zalla 2003). 우리의 감각이 받아들이는 모든 정보를 끊임없이 훑으며, 그중 무엇이 나의 안전과 행복에 관련 있는지를 찾아낸다. 당신이 보고, 듣고, 느끼고, 냄새 맡는 모든 것을 관찰하며 "지금 주의를 기울여야 하는가?"를 결정하는 셈이다.

편도체가 강박 장애에 개입한다는 증거는 강력하다(Hoexter and Batistuzzo 2018). 연구에 따르면 강박 장애가 있는 사람들에게 부정적인 감정 반응을 유발하는 사진이나 단어를 보여주었을 때, 이들의 편도체는 강박 장애가 없는 사람들보다 더 강하게 반응했다(Thorsen et al. 2018). 또한 편도체의 활성화 정도와 강박 장애 증상 사이의 관계를 보여주는 연구도 있다(Via et al. 2014).

다만 편도체는 부정적인 것만 탐지하는 기관은 아니다. 즐거운 사건이 있을 때도 그것을 알아차리고 긍정적 반응을 활성화한다. 예컨대 어떤 노래를 듣고 사랑하는 사람이 떠올라 마음이 따뜻해지는 것, 버스에서 키 작고 머리가 하얗게 센 여성을 보고 할머니가 떠올라 말을 걸고 싶어지는 것, 이런 경험에도 편도체가 관여한다. 편도체는 분노와 공격성, 두려움뿐 아니라 사랑과 유대감에서도 중요한 역할을 한다.

하지만 진료실로 찾아오는 사람들은 대개 따뜻함이 아니라 불안 때문에 고통을 겪는다. 그래서 이 책은 편도체가 불안과 강박 증상에 미치는 영향에 초점을 맞춘다.

이번 장이 중요한 이유는, 편도체의 목적과 영향력을 이해함으로써 증상의 의미를 잘못 해석하는 일을 줄일 수 있기 때문이다.

방어 반응의 생리학 : 왜 심장이 뛰고, 속이 울렁거릴까　●

2장에서 설명했듯이, 뇌가 조직된 방식 때문에 편도체는 조기 경보 시스템이자 방어 책임자다.

중요한 것은 편도체의 모든 반응이 당신을 지키려는 의도에서 출발한다는 점이다. 편도체는 감각 정보 속에서 위협을 감지하면 다른 뇌 부위에 메시지를 보내, 투쟁 - 도피 - 경직 반응(FFF)을 준비시키는 신체 변화를 일으킨다. 투쟁 - 도피 반응 패턴을 처음 체계적으로 설명한 사람은 생리학자 월터 캐넌(Walter Cannon, 1929)이고, 1930년대에 이 패턴이 일어날 때 몸에서 벌어지는 변화를 조사한 사람은 내분비학자 한스 셀리에(Hans Selye)였다.

셀리에는 쥐 연구를 통해 스트레스를 받을 때 동물(인간 포함)의 신체가 매우 구체적이고 인지 가능한 반응 패턴을 따른다는 사실을 발견했다. 셀리에는 이를 스트레스 반응이라 불렀지만, 이 책에서는 편도체의 목적을 더 정확히 드러내는 '방어 반응'이라는 용어가 적절하다고 본다.

편도체는 위협을 감지하면 뇌간(brainstem)과 시상하부 같은 영향력 큰 뇌 조직에 빠르게 메시지를 보낸다(Asan, Steinke, and Lesch 2013). 그 결과 교감 신경계가 활성화되고 운동계가 준비되며 신경 전달 물질 수준이 올라가고 아드레날린과 코르티솔 같은 호르몬 분비가 증가한다. 몸은 지금 당장 살아남기 모드로 전환된다.

하지만 방어 반응은 때때로 불필요하게 일어날 수 있다. 편도체에 대해 알아야 할 가장 중요한 지식 한 가지는 이것이다.

"편도체는 틀릴 수 있다."

이 사실을 받아들이기는 쉽지 않다. 방어 반응이 일어나면 위험에 빠진 것처럼 '느껴지기' 때문이다. 이것이 불안의 본질이다. 그 느낌은 너무 진짜 같아서, 다른 사람이 "괜찮다"고 말해도 받아들이기 어렵고, 심지어 그 느낌을 증명하는 신체 반응까지 동반한다.

하지만 기억해야 한다. 느낌은 위험이 존재한다는 의미가 아니다. 실제 위험이 없더라도 편도체와 신체는 위험한 것 같은 느낌으로 이어지는 생리적 반응을 만들어낼 수 있다. 그리고 바로 이 위기감 때문에, 하지 않아도 되는 강박적 생각과 의식에 빨려 들어가기 쉽다.

위험하다는 생각과 위험하다는 느낌은 다르다 ●

가게에서 바나나를 고르고 있는데 뒤에서 누군가 "어머!" 하고 소리쳐서 깜짝 놀랐다고 해보자. 순간적으로 몸이 움찔하고 심장이 뛰는 건 편도체가 만들어낸 느낌이다. 그 다음에야 "바나나를 만지면 안 되는 거였나?", "큰일 난 건가?" 같은 생각이 뒤따를 수 있다. 그런데 뒤돌아보니 몇 달 만에 만난 친구가 반가워서 껴안는다. 그 순간 우리는 알게 된다. 방금의 느낌은 정말 진짜 같았지만, 그 상황에는 필요하지도 않았고 정확하지도 않았다는 것을.

이 통찰을 갖추기는 어렵다. 특히 강박 장애가 있는 사람에게는 더 어렵다. 위협을 과대평가하고, 생각과 느낌에 지나친 중요성을 부여하는 경향이 강박 장애 뇌에 있기 때문이다. 그럼에도 편도체의 즉각적인 경보를 무조건 믿지 말아야 할 이유는 크게 두 가지다.

첫째, 편도체는 불완전한 정보에 기반해 반응할 수 있고, 둘째, 그 반응은 늘 유용하지는 않기 때문이다.

편도체는 대뇌 피질보다 정보가 제한되어 있다. 게다가 방어 반응은 대개 투쟁 – 도피 – 경직을 준비시키는데, 이는 조상들에게는 절실했지만 21세기를 사는 우리에게는 그다지 도움이 되지 않는 전략일 때가 많다.

편도체를 완전히 막을 수는 없더라도, 그 충동 때문에 도망치거나 확인하고 계산하는 행동을 해야 한다고 믿을 필요는 없다. 불안이 사라지기를 기다리는 것이 이상해 보일 수 있지만, 효과가 있다.

몸의 신호들

편도체가 방어 반응으로 활성화할 수 있는 생리적 반응에는 여러 가지가 있다(LeDoux 2015, 그림 6). 목표는 하나다. 싸우거나, 달아나거나, 얼어붙기 위해 몸을 준비시키는 것이다.

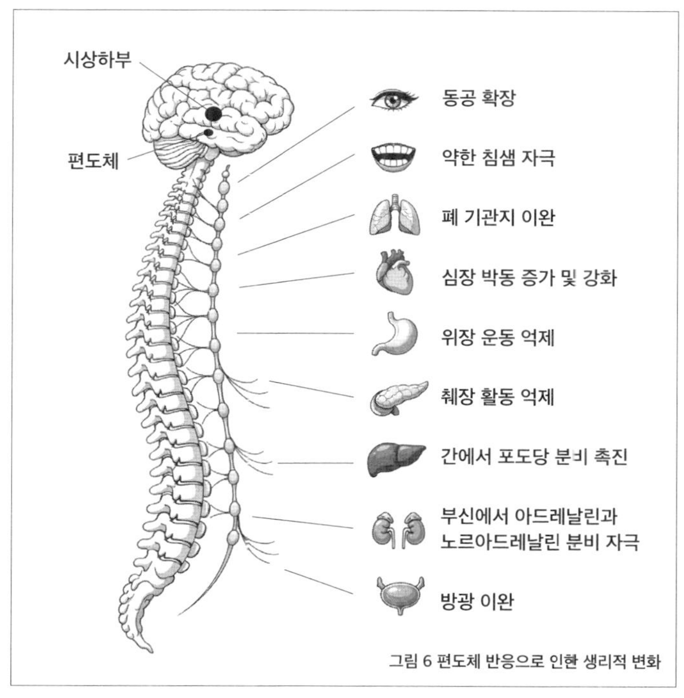

그림 6 편도체 반응으로 인한 생리적 변화

그래서 혈압이 오르고, 심장이 더 강하게 뛰고, 근육 긴장이 증가하며, 근육이 쓸 에너지를 위해 간에서 포도당 분비가 촉진된다. 반면 피가 말단으로 몰리면서 소화는 느려지고, 위가 메스꺼워질 수 있다. 동공이 확장되고, 기관지가 이완되고, 아드레날린 분비가 늘어나는 반응은 위험할 때 도움이 되겠다는 직관이 있다.

하지만 방어 반응에는 사람들을 당황시키는 반응도 포

함된다. 오줌이 마렵거나 심지어 설사를 하는 것처럼 말이다. 스트레스가 심하면 편도체가 급하게 당신을 화장실로 보낼 수 있다. 반려동물도 마찬가지다.

동물 병원에 들어가기 전 반려견에게 배변 시간을 주는 이유가 여기에 있다. 위험할 때 몸을 가볍게 하는 것은 생존 전략으로는 꽤 합리적이다. 가벼워지면 더 빨리 뛸 수 있으니까.

또 입이 마르거나 성적 흥분이 감소하는 반응도 있다. 당황스러울 수 있지만, 위험한 상황에서 먹고 성행위에 집중하면 안 된다는 점을 떠올리면 이 역시 방어의 논리 안에 들어간다. 우리는 겁먹은 조상들의 자손이고, 위험을 감지하면 오래된 방어 반응을 충실히 발동하는 편도체를 물려받았다. 불안하고 강박 장애가 있는 사람은 여기에 더해 편도체가 더 강하게 반응하는 경향까지 보이기도 한다 (Thorsen et al. 2018).

이제 신체적으로 느끼는 불안 증상이, 당신을 위험에서 구해주려는 편도체의 (때때로 잘못된) 시도에서 온 것임을 이해했기를 바란다. 중요한 사실은 이렇다.

"신체 반응이 나타난다고 해서 위험이 실제로 존재하는 것은 아니다."

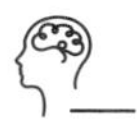

요동치는 몸의 반응을 과학적으로 이해하기
: 해석의 전환

불안이 몸에 먼저 찍히는 순간 ●

우리가 두려움이나 불안을 느낄 때, 신체는 무엇을 경험할까? 최근 한 친구가 소송에 휘말렸는데 법정에서 손이 계속 떨려 당황했다고 했다. 그는 자신이 부당하게 소송당했다는 걸 알면서도, 손이 떨리는 걸 보자 "혹시 내가 유죄라는 뜻 아닐까?" 하는 생각이 스멀스멀 올라왔다.

하지만 그 떨림은 흔한 FFF(투쟁 - 도피 - 경직) 반응의 일부였을 뿐이다. 근육이 미세하게 떨리는 것은 편도체가 달음질이나 뛰는 행동을 준비시키기 위해 운동 신경과 근육계를 활성화했다는 의미다. 친구는 이 원리를 이해하자, "내 몸이 이상한 게 아니라 방어 시스템이 자동으로 켜진 거였구나" 하고 안심했다. 더 나아가 편도체를 진정시키는 방법들을 알게 되자, 그 지식이 고맙다고까지 말했다.

문제는 여기서 시작된다. 신체 반응 자체가 아니라, 그 반응을 어떻게 해석하느냐가 강박적 생각을 키울 수 있다는 점이다.

"내 몸에 문제 생긴 걸까?"

: 정상 반응을 위험 신호로 오해할 때

안타깝게도 편도체가 이런 반응을 일으키면 강박 장애가 있는 사람들은 그 대응을 잘못 해석하기가 아주 쉽다. 특히 심박수 증가, 심장 수축의 강화, 호흡 변화 같은 반응이 나타날 때 오해는 더 심해진다. 어떤 사람들은 이를 심장마비나 뇌졸중 같은 무서운 병의 전조로 받아들이며 "몸에 무슨 문제가 생긴 게 분명해"라는 생각에 집착하게 된다.

하지만 사실 이런 변화는 방어 반응을 수행할 수 있는 튼튼하고 건강한 신체 기능을 반영하는 경우가 많다. 더그는 재정 상황을 살피며 대출금 상환 방법을 고민하다가 심장이 두근거리자 "심장마비가 오는 건 아닐까?" 하고 겁을 먹었다.

그러나 우리가 종종 내담자들에게 말하듯, 심장이 세게 뛴다는 건 곧 멈출 거라는 신호가 아니라 오히려 심장이 잘 작동한다는 신호일 수 있다. 병이 나기는커녕, 제대로 일을 하고 있는 것이다.

편도체의 신호를 잘못 해석하면 신체 건강에 대한 강박 사고로 이어지기 쉽다. 그래서 FFF 반응의 기본을 이해하는 일은 강박 장애에서 나타나는 강박 사고와 걱정을 줄이는 데 꽤 큰 도움을 준다. 싸우거나 도망치는 대응이 정말 필요한 순간도 있겠지만, 대개 우리가 사는 일상은 그런 반응이 필요하지 않은 상황이 훨씬 많다. 그런데도 우리는 이 반응을 이해하려다 지나친 생각에 빠지고, 오해를 확인하려 들며, 스스로를 더 불안한 곳으로 밀어 넣는다. 그때 떠올려야 할 문장은 단순하다.

"이건 편도체가 만든 방어 반응일 수 있다."

편도체는 너무 빠르다 : 내가 알아차리기 전에 이미 켜진다 ●

편도체는 당신이 무엇에 반응하는지 완전히 인식하기도 전에, 신체 대응을 매우 빠르게 시작할 수 있다. 편도체가 너무 신속하게 행동하기 때문에 우리는 그것을 통제할 수 없고, 편도체가 만들어내는 신체 반응 역시 마찬가지다.

그래서 편도체나 신체 반응을 통제하려고 애쓰는 사람들은 종종 자신을 통제하지 못한다고 느낀다. 물론 6장에서 설명하겠지만 몇 가지 대처 전략으로 몸을 조금 더 이완시킬 수는 있다. 그러나 솔직히 말해, 편도체와 그 효과를 완전히 제어하는 능력은 제한적이다. 많은 경우, 좋든 싫든 불안 증상은 나타난다.

여기서 필요한 태도는 억제가 아니라 전환이다. 마음챙김과 받아들임 전략은 신체 변화를 통제하려는 싸움에서 벗어나, 그저 호기심을 갖고 관찰하며 지나가도록 두는 단계로 옮겨 가는 데 도움을 준다.

흔들리고 얼어붙는 몸을 '나'로 해석하지 말 것 ●

방어 반응의 많은 측면은 오해된다. 몸이 떨리거나 두려움 때문에 얼어붙는 경험을 하면 "내가 나를 제어하지 못한다"거나 "미쳐가는 게 아닐까"라고 해석하기 쉽다. 강박 장애가 있으면 이런 경험을 과도하게 분석한 끝에, "통제력을 잃고 원치 않는 행동을 저지를지도 모른다"는 강박에 빠지기도 한다.

여기엔 역설이 있다. FFF 반응은 본래 말이 안 되는 행동(싸우거나 도망치거나 얼어붙기)을 준비시키는 생리 패턴인데, 대뇌 피질이 이를 이해하려고 애쓸수록 오히려 불안이 더 커질 수 있다. 대뇌 피질은 설명을 좋아하지만, 설명하려 애쓰는 사이 불안은 더 자라난다.

마리아는 선생님을 만나 성적을 올릴 방법을 상의하려 했는데, 다리가 떨리기 시작했고 멈출 수가 없었다. '선생님이 내 요란한 다리를 보고 지적하면 어쩌지?'라는 생각이 덧붙자 상황은 더 악화되었다. 결국 "이런 상태로는 선생님과 제대로 이야기할 수 없을 것 같아"라는 결론까지 튀어 올랐다.

하지만 바로 이런 이유 때문에 FFF 반응의 기본을 이해하는 것이 중요하다. 편도체가 정상적이고 건강한 방어 반응으로, 당신을 보호하기 위해 자동으로 이런 반응을 시작했다는 걸 알면, 증상의 의미를 과장하거나 부정확하게 해석할 가능성이 줄어든다.

마리아에게 필요한 것은 "왜 내가 이러지?"라는 끝없는 분석이 아니라, 잠시 걸어 아드레날린이 소진되도록 돕고, 선생님은 내 다리를 보러 온 게 아니라 나를 도우러 온 사람이라는 핵심을 반복해서 떠올리는 일이다. 그러면 요란한 다리가 아니라 성적을 올릴 방법이라는 진짜 둔제로 주의가 돌아올 수 있다.

편도체가 점령할 때 : 똑똑해 보이던 머리가 멈추는 이유　　●

편도체가 통제권을 쥐거나 공황에 가까운 상태가 되면, 다른 뇌 부위를 앞서기 때문에 집중하거나 명확하게 생각하기가 어려워진다. 편도체가 활성화되면 생각이 둔해지는 것은 정상이다. 조지프 르두는 편도체가 뇌 기능을 점령하는 현상을 '감정의 적대적 의식 인수'(2002)라고 표현했다.

즉, 이 책을 차분히 읽을 때는 "불안이 이렇게 만들어지는구나" 하고 이해가 되지만, 막상 불안이 올라오면 그 이해를 꺼내 쓰는 능력이 제한될 수 있다. 불안이 높을수록 지적으로 차분하게 증상을 해석하기가 어려워지는 이유 다. 그래서 그 순간에는 복잡한 분석보다 짧고 단순한 문 장이 필요하다. 대뇌 피질이 복잡한 설명을 처리하지 못할 수 있으니, 이렇게 말해보자.

"이건 정상적인 방어 반응이야. 내 편도체가 작동했을 뿐이야."

그리고 오염됐다는 두려움이 올라오거나 책상에 쌓인 파일이 무능함의 증거처럼 느껴질 때도 기억하자. 신체 반 응이 두려움을 정당화하지는 않는다. 편도체가 활성화되 면 복잡한 일에 집중하기 어려울 수 있다. 그럴 땐 생산성 을 높일 수 있는, 더 단순한 일을 선택하는 편이 낫다.

제시는 책상에 쌓인 서류 때문에 불안이 올라오면, 요금 을 내거나 우편물을 뜯어 재활용할 것과 보관할 것을 나누 는 등 기계적이고 단순한 작업에 집중한다. 지금은 고객에 게 전화해 복잡한 문제를 논의할 때가 아니라는 걸 알기 때문이다.

편도체가 주도권을 쥐고 있음을 받아들이면서도, 어떤 방식으로든 일을 계속 이어 간다. 이 태도는 불안에 끌려

가며 무너지는 것이 아니라, 불안 속에서도 삶을 지속하는 방식이다.

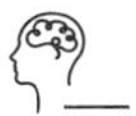

내 뇌는 어떤 상황에서 경보를 울리는가
: 개인별 패턴

내 몸의 경보 형태를 알아차리기 ●

잠시 멈춰 서서, 나는 어떤 방식으로 방어 반응을 느끼는지 생각해 보자. 또는 편도체가 활성화되는 다양한 상황에서 내 몸이 어떤 반응을 보이는지 관찰해 보자.

방어 반응은 때로 근육 긴장이나 입술 마름처럼 약하고 미세한 신호로 나타나기도 하고, 심장이 매우 강하게 뛰고 몸이 덜덜 떨리는 공황 발작처럼 극단적인 형태로 나타나기도 한다.

다음에 제시하는 증상들은 모두 편도체가 방어 반응을 활성화할 때 나타날 수 있는 정상적인 반응이다. 많은 경우 이는 교감 신경계가 활성화되었다는 신호이기도 하다. 목록을 읽으며 자신에게 해당하는 것이 있는지 확인해 보자.

◎ 방어 반응

□ 심장 두근거림　□ 호흡 변화(호흡이 빨라지거나 멈춤)

□ 소변이 마려움　□ 설사

□ 도망치거나 물러서고 싶은 마음　□ 위통

□ 입 마름　□ 안면 홍조　□ 가벼운 두통

□ 근육 긴장　□ 몸이 굳음　□ 떨림　□ 식은땀

□ 집중력 저하

이 가운데 하나라도 나타났다면, 편도체가 당신을 보호하기 위해 일하고 있다는 뜻이다. 비상 상황에서 즉시 대응하려면 FFF 반응은 필수적이다. 이 덕분에 자동차 사고를 피했거나, 어떤 위험에서 몸을 재빨리 보호했을 수도 있다. 이런 반응은 타고난 것이고 자연스럽게 발생한다.

편도체가 당신을 보호하는 방식 ●

다만 방어 반응은 도움이 되지 않을 때도 일어난다. 예컨대 의사가 추천한 수술 비용을 감당할 수 없어 걱정할 때, 혹은 사춘기 딸이 헤어드라이어를 바닥에 내동댕이쳐 깨뜨렸을 때처럼 말이다. 그 순간 몸이 비상 모드로 전환된다고 해서 실제로 싸우거나 도망쳐야 하는 상황인 것은 아니다.

　그럼에도 그 반응은 편도체가 당신을 보호하는 방식이다. 그리고 이 반응을 더 잘 다루고 싶다면, 가장 좋은 방어 수단은 역설적으로 편도체가 어떻게 작동하는지 배우는 것이다. 내 몸이 왜 이러는지를 이해하는 순간, 불필요한 해석과 공포가 줄어든다.

　사람이 겪을 수 있는 가장 불쾌한 경험 중 하나인 공황 발작은 편도체에 뿌리를 두고 있다. 공황 발작이란, 방어 반응이 상황에 필요한 것보다 훨씬 강하거나 적절하지 않을 때 붙이는 이름이다. 반대로, 다른 사람에게 공격당하는 상황처럼 실제로 필요한 맥락에서 일어나는 강력한 방어 반응은 유용한 방어 반응이라 할 수 있다.

　예를 들어 저녁을 준비하는데 손에 끈적한 감각이 느껴졌다는 이유만으로 극단적인 방어 반응이 폭발한다면, 그것은 공황 발작에 가깝다. 공황 발작에서는 다음과 같은 증상이 나타날 수 있다.

◎ 공황 발작

□ 공포심　□ 심장 두근거림/심박수 증가　□ 과호흡

□ 어지러움　□ 갑작스럽게 다급한 요의

□ 떨림　□ 마비감, 따끔거림　□ 메스꺼움　□ 식은땀

□ 급한 변의　□ 열감 또는 한기　□ 호흡 곤란
□ 가슴이 불편한 느낌

생각도 영향을 받는다. 어떤 사람은 내가 미쳐가고 있다고 느끼고, 어떤 사람은 비현실감에 빠진다. 이 모든 것이 낯설고 무섭게 느껴질 수 있지만, 핵심은 하나다. 공황 발작은 극단적인 방어 반응이라는 점이다.

공황은 싸우거나, 달아나거나, 얼어붙는　●

공황 발작이 찾아오면 어떤 사람은 공격하려 하고, 어떤 사람은 도망치려 하고, 어떤 사람은 몸이 굳는다. 이는 투쟁-도피-경직 반응과 정확히 맞물린다.

많은 사람들이 일생에 한 번은 공황 발작을 경험한다. 어떤 사람들은 공황 발작을 더 쉽게 일으키는 편도체를 타고나는 듯하고, 또 어떤 사람들은 충격적인 경험에 대한 편도체의 학습과 대응 때문에 공황 발작이 시작되기도 한다.

공황 발작이 본격적으로 시작되면 멈출 방법이 거의 없다. 이미 시작된 생리 과정이 일정 부분 진행되어야 하고, 대뇌 피질은 이를 단숨에 멈추지 못한다. 공황 상태의 사람에게 "위험하지 않아, 괜찮아"라고 논리로 설득하려는 시도는 비유하자면 전원이 꺼진 대뇌 피질에게 복잡한 설명을 하는 것과 비슷하다. 그 순간에는 복잡한 정보를 처리하기가 어렵다.

그래서 현실적인 목표는 즉시 중단이 아니라 지속 시간을 줄이는 것이 된다. 다행히 공황만큼 극단적이지 않은 방어 반응이라면, 공황 발작을 멈추는 것보다는 대응 여지가 더 크다. 다음 단락에서는 바로 그 지점—즉, 덜 극단적인 방어 반응을 다루는 전략—을 살펴보려 한다.

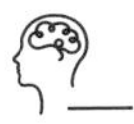

본능에 압도당한 순간, 주도권을 되찾는 법 : 대처 전략

왜 대처 전략이 필요한가

방어 반응의 신호를 알아차리고 의미를 해석하는 일은 대뇌 피질의 몫이다. 이미 방어 반응만으로도 벅찬데, 대뇌 피질이 신체에서 일어나는 변화를 위험 신호로 오해해 편도체를 더 자극한다면 상황은 불필요하게 악화된다.

3장에서 살펴보았듯, 대뇌 피질은 방어 반응을 직접 만들어내지는 못한다. 그 역할은 오직 편도체만이 수행한다. 하지만 대뇌 피질은 무서운 생각과 이미지를 만들어 편도체의 방어 반응을 키우고 오래 지속시키는 데 결정적인 영향을 미칠 수 있다.

이 장에서는 바로 그 지점―대뇌 피질과 편도체를 활용해 방어 반응에 대응하는 방법―을 집중적으로 다룬다. 이 전략들은 강박 사고와 강박 행동의 추진력을 약화시키고, 삶에 대한 통제감을 회복하며, 결과적으로 불안을 낮추는 데 도움을 준다.

방어 반응에 대응하는 법

• 1단계: 대뇌 피질의 오해를 멈추기

방어 반응이나 공황 발작 중에 나타날 수 있는 전형적인 신체 증상을 미리 알고 있어야 한다. 그래야 이런 증상이 편도체가 위협을 감지했을 때 나타나는 정상적인 생리 반응임을 스스로 상기할 수 있다. 심장 두근거림, 호흡 변화, 떨림 같은 증상을 심각한 질병의 신호나 통제력 상실, 혹은 위험한 행동으로 이어질 조짐으로 해석하지 말아야 한다.

"…라면 어쩌지?"라는 질문은 증상의 의미를 끝없이 되씹는 방향으로 대뇌 피질을 몰아간다. 예전에 비슷한 증상을 겪었고 그때도 실제로 문제가 없었다면, 이번에도 마찬가지일 가능성이 크다는 점을 떠올려야 한다.

• 2단계: 느낌은 사실이 아니다

공포심과 불안감은 실제 위험이 존재한다는 증거가 아니다. 느낌은 매우 현실적으로 다가오지만, 동시에 크게 틀릴 수도 있다. 예컨대 청혼을 앞두고 극심한 불안을 느낄 수 있지만, 그 불안은 상대의 거절을 예언하지 않는다. 불안은 미래를 예측하지 못하며, 특히 불안에 관해서는 더욱 그렇다. 편도체가 위험한 것처럼 반응한다고 해서 실제 위험이 존재한다고 결론 내려서는 안 된다.

• 3단계: 불안을 기다리지 말 것

불안이나 공황 발작을 미리 예상하고 경계하는 태도는 오히려 방어 반응을 부른다. "또 불안해지면 어쩌지?", "공황이 오지 않을까?" 같은 생각은 편도체를 위기에 대비시키고, 그 결과 실제로 방어 반응이 더 쉽게 활성화된다.

증상이 나타날까 계속 몸을 점검하고 감각에 예민해지면, 평소라면 지나쳤을 신체 변화도 위협처럼 느껴진다. 가능한 한 멀리 있는 미래를 상상하기보다, 지금 하고 있는 일과 현재 상황에 주의를 두는 것이 편도체를 자극하지 않는 가장 단순하고 효과적인 방법이다.

• 4단계: 통제 대신 받아들임

강박 장애가 있는 사람들 가운데는 모든 것을 통제하려

는 성향이 강한 경우가 많다. 그래서 방어 반응도 어떻게든 통제하려 한다. 하지만 방어 반응은 생리적 과정이기 때문에 통제하려 할수록 실패감과 좌절이 커진다.

중요한 전환점은 통제에서 받아들임으로 이동하는 것이다. "이 증상이 얼마나 오래갈까?" 이 질문 대신, "지금 심장이 빠르게 뛰고 있구나"라고 사실을 인식하는 연습이 필요하다. 증상이 사라져야만 다른 일을 할 수 있는 것은 아니다. 불편함을 느끼면서도 삶은 계속될 수 있다. 그리고 받아들임은 괜찮은 척하기가 아니다. "편도체가 또 과민 반응을 하는군. 마음에 들진 않지만, 이건 위험하지 않아." 이렇게 투덜거리며 인정해도 충분하다.

• 5단계: 주의를 옮겨라

어떤 생각을 멈추고 싶다면, 그 생각을 분석하는 대신 다른 생각으로 옮겨야 한다. 이것이 대뇌 피질의 작동 방식이다. 무엇을 생각해야 할까? 정답은 없다. 해야 할 일, TV나 팟캐스트, 친구와의 통화, 장보기 목록, 휴가 계획, 설거지, 주변 색깔 세기 등 무엇이든 좋다. 15분 안에 끝낼 수 있는 간단한 일을 골라 집중해 보자. 뱃속이 불편하다는 느낌에 계속 주의를 줄 필요는 없다.

"편도체 때문에 이런 증상을 겪는 것도 불쾌한데, 거기에 관심까지 쏟고 싶지는 않아."

다만, 공황 발작 중에는 전략을 바꿔야 한다. 대뇌 피질 기반 전략은 방어 반응 초기에 매우 유용하지만, 본격적인 공황 발작 중에는 효과가 제한적일 수 있다. 공황 상태에서는 편도체가 대뇌 피질을 압도해 명확한 사고가 어렵다. 이때의 목표는 공황을 멈추는 것이 아니라 지나가도록 돕는 것이다.

가장 도움이 되는 방법은 천천히 깊게 호흡하고, 근육을 이완하려 시도하며, 발작이 끝날 때까지 기다리는 것이다. 운동도 도움이 될 수 있다. 중요한 점은 공황 발작은 항상 지나간다는 사실이다.

몸의 비상 신호를 위험이 아닌
'정상적인 방어 반응'으로 재해석하라.

편도체의 갑작스러운 비상벨, 즉 투쟁-도피-경직(FFF) 반응을 마주했을 때의 행동 지침을 익혀야 한다. 불안에 저항하지 말고, 파도를 타듯 그저 지나가게 두라.

◎ **저항하지 말고 관찰하라** : 불안을 억지로 누르려 하면 편도체는 더 큰 경보를 울린다. "지금 내 편도체가 오작동 중이구나"라고 객관적으로 이름을 붙이는 것만으로도 뇌는 진정되기 시작한다.

◎ **불안의 파도를 타라** : 불안은 정점에 도달한 뒤 반드시 내려온다. 이 파도가 지나갈 때까지 도망치지 않고 머무르는 경험이 편도체에게 "이 상황은 죽을 만큼 위험하지 않다"는 사실을 가르친다.

◎ **감정과 거리를 두라** : 불안한 느낌이 든다고 해서 실제로 위험한 것은 아니다. 감정은 신체적 반응의 결과물일 뿐이며, 이를 구별해낼 때 비로소 편도체의 독재에서 벗어날 수 있다.

▶▶ **폭풍 속에서 가만히 숨을 고르는 법을 배웠다면, 이제 그 폭풍을 잠재울 신체적 스위치를 찾아야 한다. 5장에서 불안이라는 파도를 견디는 태도를 익혔다면, 6장에서는 날뛰는 편도체의 전원을 물리적으로 차단하고 뇌를 즉각적으로 이완시키는 구체적인 기술들을 배워본다.**

6장

몸을 이완하면 날뛰던 본능도 평온해진다

: 이완 기술

우리의 목표는 편도체를 완벽하게 제어하는 것이 아니다. 그건 거의 불가능하다. 대신 목표는 분명하다. 강박 장애에 빼앗긴 삶의 주도권을 되찾는 것이다. 이 목표는 훨씬 현실적이고 실제로 도달 가능하다. 이 지점에서 많은 사람들이 '평온을 비는 기도(Serenity Prayer)'를 떠올린다.

"저에게 바꿀 수 없는 것을 받아들이는 평온함과
바꿀 수 있는 것을 바꿀 용기,
그리고 그 둘을 구분할 수 있는 지혜를 주소서."

라인홀트 니버(Karl Paul Reinhold Niebuhr)

강박 장애에서 삶을 탈취하는 두 축은 강박 사고와 강박 행동이고, 이 둘을 밀어 올리는 연료는 불안이다. 그리고 그 불안의 핵심 발생지는 편도체다. 강박 행동은 불안을 줄이기 위한 임시방편일 뿐이다. 잠시 안도감을 주지만, 곧 다시 반복을 요구한다. 그래서 삶은 점점 강박 행동 중심으로 재편된다.

삶의 주도권을 되찾으려면 불안의 결과를 다루는 데서 멈추지 않고, 불안을 만들어내는 출발점, 즉 편도체에 개입해야 한다.

완벽주의가 불안을 부를 때

대규모 이사회 앞에서 발표를 준비하던 마누엘은 문서의 여백, 문법, 표현 하나하나에 집착하기 시작한다. 모든 것이 완벽해야 한다는 생각 때문에 어떤 문장도 만족스럽지 않다. 그러자 점점 의심이 고개를 든다.

'과연 이 발표를 제대로 할 수 있을까?'

곧 신체 반응이 따라온다. 심장이 빨리 뛰고, 몸이 더워지고, 땀이 난다. 마누엘은 이런 증상을 보며 이 상태로는 발표를 망칠 것 같다고 생각한다. 이사회 앞에서 떨고 얼굴이 벌게지는 상상을 하자, 편도체는 즉시 방어 반응을 가동한다. 교감 신경계가 활성화되고, 아드레날린이 분비된다.

이 지점에서 질문은 이것이다. 마누엘은 이 반응에 대해 무엇을 할 수 있을까?

편도체가 위협을 감지하면 교감 신경계가 활성화되며 FFF 반응이 나타난다. 반대로, 부교감 신경계는 흔히 휴식

과 소화를 담당한다고 설명한다. 부교감 신경계가 활성화
되면 심장 박동은 느려지고 혈압은 낮아지며 소화 기능이
회복된다.

중요한 사실은 이 두 신경계가 동시에 강하게 작동하지
않는다는 점이다. 즉, 부교감 신경계를 의도적으로 활성화
하면 교감 신경계의 과도한 반응을 누그러뜨릴 수 있다.
바로 이 원리를 활용하는 것이 이완법이다.

이완법이 편도체에 직접 작용하는 이유　　　　　　●

치료사들이 이완법을 강조하는 이유는 단순한 기분 전
환 때문이 아니다. 이완법은 부교감 신경계를 활성화해,
편도체가 시작한 방어 반응의 강도와 지속 시간을 실제로
줄인다.

이완법은 정신과 의사 에드먼드 제이컵슨(1938)이 점진
적 근육 이완법(progressive muscle relaxation)이라는 방법
을 개발한 이후 오랫동안 이용되었다. fMRI나 PET 같은
영상 기법으로 인간의 뇌에서 일어나는 과정을 직접 관찰
할 수 있게 되자 연구원들은 이완법을 실행할 때 편도체의
활성화 자체가 줄어드는 것을 발견했다!

다양한 연구에서 호흡법이나 명상처럼 이완을 촉진하
는 기술이 편도체의 활성화를 줄인다는 것을 보여주었

다(Jerath et al. 2012; Taylor et al. 2011). 신경 영상 연구에서는 사람들이 호흡 연습(Goldin and Gross 2010), 명상(Desbordes et al. 2012), 요가(Froeliger et al. 2012), 심지어 성가 읊조리기(Kalyani et al. 2011) 같은 다양한 이완법을 수행할 때 뇌에 변화가 일어남을 보여주었다.

이런 다양한 방법은 몇 분 만에 편도체를 진정시킨다. 이는 단순히 기분이 좋아진다는 수준을 넘어, 문제의 원인에 직접 개입하는 효과다.

처방 약 가운데 가장 빠르게 편도체 활성도를 낮춰주지만 30분은 있어야 효과가 나타나는 벤조디아제핀계 처방약(알프라졸람, 디아제팜, 클로자네팜 등)보다 더 빠르다. 게다가 이완법은 벤조디아제핀계 약물이 지니는 부작용이 없다.

중요한 점은 이것이다.

첫째, 신체 반응이 나타나는 것을 없애야 할 대상으로 보지 말 것.

둘째, 그 반응을 통재해야 한다는 완벽주의적 강박 사고에 빠지지 말 것.

셋째, 증상이 나타나더라도, 그것은 정상이며 위험하지 않다는 사실을 받아들이는 것.

이 장에서 소개할 이완 훈련법들은 모두 과학적 근거가 있는 방법들이다. 사람마다 더 잘 맞는 방식은 다를 수 있지만 공통점은 하나다. 편도체를 말로 설득하지 않는다는 것이다.

뇌의 구조상, 우리는 편도체에게 "진정해"라고 말해도 거의 효과를 보지 못한다. 대신 이완법은 편도체가 활성화되는 과정 자체에 개입한다. 어떤 경우에는 편도체의 반응 패턴을 서서히 바꾸는 데까지 이른다.

숨이 생각보다 강력한 이유　　　　　　　　　●

많은 내담자들은 처음에 이렇게 반응한다.

"숨 좀 다르게 쉰다고 불안이 줄어든다고요?"

하지만 뇌 영상 연구는 분명한 답을 준다. 심호흡을 시작한 지 몇 분 만에 편도체 활성화가 감소한다. 이는 단순한 위안이 아니라, 뇌 수준에서 확인된 변화다.

렉시는 상담 중 호흡 연습을 제안받고 처음엔 반신반의했다. 그녀가 원한 건 확신이지, 호흡이 아니었기 때문이다. 하지만 몇 분간 연습한 뒤, 불안 수준이 8에서 3으로 내려갔다고 말했다. 그 경험은 단순한 안도감 이상의 의미를 지녔다. 그녀는 강박적인 생각과 확인 행동 말고도 다른 길이 있다는 가능성을 처음으로 느꼈다.

이완법은 편도체를 완전히 통제하려는 시도가 아니다. 그 대신, 편도체가 과잉 반응할 가능성을 줄이고, 불안이 삶을 지배하지 못하게 만드는 현실적이고 반복 가능한 도구다.

가장 단순한 기술이 가장 직접적이다
: 호흡 중심 이완법

여러 개입 방식 가운데 느리고 깊은 호흡이 직접 편도체를 진정시키는 데 가장 효과적이라는 결과가 반복해서 보고된다. 그래서 편도체에 대한 통제력을 조금이라도 되찾고 싶다면, 무엇보다 먼저 이 기술을 몸에 익혀둘 가치가 있다. 특별한 도구도, 비용도 필요 없다. 다만 제대로, 꾸준히가 핵심이다.

기본 호흡 연습

다음 순서대로 연습해 보자. 중요한 건 잘하려고 애쓰기가 아니라 현재 내 호흡을 관찰하고, 속도를 낮추는 것이다.

1. 자연스러운 호흡을 잠시 관찰한다

• 숨을 무의식적으로 참고 있는가?

• 호흡이 깊은가, 얕은가?

2. 들이쉴 때: 천천히, 깊게

• 폐의 아랫부분까지 넓어진다고 느낄 만큼 확장한다.

• 한 번에 확 들이키지 말고, 길게 끌어오듯 들이마신다.

3. 내쉴 때: 천천히, 끝까지

• 입술을 오므리고 내쉬면 속도를 늦추는 데 도움이 된다.

• 다음 호흡을 시작하기 전, 폐를 "비웠다"는 느낌이 들 정도로 내뱉는다.

4. 들숨-날숨을 몇 차례 반복한다

• 숨을 멈추지 말고 흐름을 이어간다.

• 들이쉬거나 내쉬는 쪽 중 어느 하나에만 걸리지 않도록 한다.

5. 속도를 낮춘다: 1분에 5~6회 시계를 보며 호흡 빈도를 줄인다.

• 호흡 1회 = 들숨 1번 + 날숨 1번

• 이 속도로 5~10분 유지해 부교감 신경계를 촉진한다.

왜 이 호흡이 불안을 줄이는가

어떤 사람들은 몇 분만 해도 바로 불안이 낮아지는 걸 느낀다. 최소 10분 정도 느리고 규칙적인 심호흡을 이어가면, 마음이 진정되고 몸이 편안해지는 경험이 비교적 선명하게 나타난다.

그 이유는 단순하다. 스트레스를 받으면 우리는 자기도 모르게 숨을 참거나 얕게 쉰다. 그런데 이런 호흡 패턴은 편도체를 더 쉽게 깨운다. 심호흡은 그 흐름을 반대로 돌린다. 특히 날숨이 중요하다. 강하게(그러나 과격하게가 아니라 길게, 끝까지) 내쉬면 부교감 신경계가 더 잘 활성화될 수 있다.

호흡 기술이 너무 단순해 보인다는 이유로 많은 사람들이 그 효과를 과소평가한다. 하지만 느리고 깊은 호흡은 부교감 신경계에 강력한 영향을 준다.

연구자들이 편도체를 화학 측정기(chemosensor)라고 부르는 이유는 CO_2가 높아지면 편도체가 매우 빠르게 활성화되는 경향이 관찰되기 때문이다. 그래서 CO_2를 내뱉고 신선한 산소를 받아들이는 것은, 편도체를 가라앉히는 데서 핵심적인 생리적 의미를 가진다. 극단적으로 말하면 공기를 차단하면 편도체가 활성화될 가능성이 커진다.

에어컨처럼 일상적으로 켜두기 ●

이완 호흡은 위기 때만 쓰는 비상 도구가 아니다. 가장 좋은 방식은 일상화다.

- 최소 하루 두 번, 각 15분 이상 의도적으로 깊게 호흡한다.
- 불안을 자극하는 상황(불쑥 떠오른 생각, 오염 걱정, 관계에 대한 의심 등)이 오면 추가로 실시한다.

이 과정을 집의 에어컨에 비유할 수 있다. 집을 시원하게 유지하려면 한 번 켜고 끝내는 게 아니라, 반복적으로 켜서 온도를 관리해야 한다. 호흡은 편도체의 내부 온도를 낮추는 방법이다. 강박 사고에 연료를 붓는 불안이 줄면, 확인·손 씻기·묻기 같은 강박 행동에 저항할 여지도 커진다.

과호흡 피하기

과호흡은 지나친 호흡으로 여러 증상이 생기는 상태다. 보통 1분당 5~6회 속도로 깊게 호흡하면 과호흡은 잘 일어나지 않는다. 다만 징후는 알아두는 편이 좋다.

과호흡이 나타날 때 흔한 신호들:
- 어지러움, 기절할 것 같은 느낌
- 혈중 칼슘 변화로 인한 얼굴·팔·손의 저림/마비감
- 손발 쥐, 근육 경련

공기를 과도하게 삼켜 트림, 복부 압박감, 구강 건조 같은 증상이 나타나면 방어 반응이 더 커진다거나 큰일이 난 걸로 오해하기 쉽지만, 대개는 호흡 패턴을 조정하면 완화된다. 한때 종이봉투를 대고 숨 쉬라는 조언이 있었지만 지금은 권하지 않는다. 봉투 속 공기를 다시 들이마시면 CO_2를 더 들이마시게 되어 오히려 문제가 생길 수 있다. 핵심은 단순하다. 천천히, 깊게, 과하지 않게.

횡격막 호흡 ●

부교감 신경계를 높여 교감 신경계의 과잉 반응에 맞서는 호흡법으로 횡격막 호흡(복식 호흡)을 권한다. 가슴보다 배로 숨을 쉬어, 폐 아래쪽을 움직이는 횡격막이 더 잘 작동하도록 돕는 방식이다.

연습 방법:

1. 의자에 편히 앉아 발은 바닥에 둔다.

2. 한 손은 가슴 위, 다른 손은 배꼽 위에 둔다.

3. 평소처럼 숨 쉬며 어느 손이 더 움직이는지 관찰한다.

4. 이제 깊게 들이쉬며 배가 부풀어 오르게 한다.

많은 사람은 들숨 때 배를 무의식적으로 끌어당기는데,

그러면 횡격막이 내려가지 못해 깊은 호흡이 어려워진다.

규칙적으로 연습하면 호흡이 더 느리고 깊어지고, 숨을 참는 습관도 더 빨리 알아차리게 된다. 5~10분, 하루 3회 연습하면 호흡 패턴에 대한 감각이 정교해진다.

호흡은 우리가 직접 제어할 수 있는 몇 안 되는 신체 과정이고, 이 작은 손잡이를 통해 편도체와 자율신경계 같은 큰 시스템에 간접적으로 영향을 준다. 이 방법을 너무 쉬워서 무시하는 사람들이 많지만, 그 대가로 가장 간단한 길을 놓치기도 한다. 방어 반응이 잦을수록 결국 운전석에 앉는 건 편도체가 아니라 당신이어야 한다.

몸의 긴장을 풀면
마음의 빗장도 함께 풀린다 : 근육과 뇌

호흡 외에 또 하나의 큰 축은 근육 이완이다. 방어 반응이 시작되면 교감 신경계가 근육을 활성화해 싸우거나 도망갈 준비를 시킨다. 우리는 이것을 근육 긴장, 떨림, 경련으로 경험한다. 긴장이 오래 지속되면 에너지가 빠지고, 하루 끝에는 몸이 뻣뻣하거나 쑤시기 쉽다.

근육 긴장은 의식적으로 조정 가능한 반응이기도 하다. 근육을 이완하면 불안도 줄어든다. 많은 사람들은 편도체가 근육을 이렇게 만들었다는 사실을 잘 모른다. 하지만 잠깐만 관찰해도 이유 없이 이를 악물거나, 어깨가 올라가거나, 배에 힘이 들어간 자신을 발견할 때가 있다.

근육 긴장 점검　　　　　　　　　　　　　　　　　●

먼저 내 몸이 어디서 굳는지 알아야 한다. 의자에 앉아 전신을 훑어보자.

- 턱·혀·입술이 굳어 있나?
- 이마는 찡그려져 있나?
- 어깨가 귀 쪽으로 올라가 있나, 아래로 내려가 있나?
- 배에 힘이 들어가 있나?
- 주먹을 쥐거나 발가락을 오므리고 있나?
- 엉덩이에 힘이 들어가 있나?

사람마다 취약 부위가 다르다. 부위를 찾았으면 이제 이완을 훈련할 준비가 된 것이다.

긴장과 이완의 차이를 익히려면 간단한 실험이 좋다.

- 오른손을 꽉 쥐고 5까지 센다 → 풀어 힘없이 늘어뜨린다.
- 긴장된 느낌과 풀린 느낌의 차이를 몸으로 기억한다.

긴장했다가 풀어주기는 오히려 더 깊은 이완을 만드는 경우가 많다. 이완의 감각이 선명해질수록 몸은 편도체에 이제 안전하다는 신호를 더 잘 보낼 수 있다.

점진적 근육 이완법

점진적 근육 이완법은 한 번에 한 근육군씩 짧게 긴장-이완을 반복한다. 손, 팔, 어깨 같은 큰 단위로 옮겨가며 전신을 훑는다.

처음엔 30분 정도 걸려도 괜찮다. 연습하면 5분 만에도 깊은 이완에 들어갈 수 있다. 시간이 지나면 긴장 단계 없이도 이완만으로 빠르게 풀 수 있는 사람도 많다. 다만 사람마다 잘 풀리는 부위와 안 풀리는 부위가 달라 개인화가 필요하다.

통증이나 부상이 있다면 긴장을 생략하고, 근육군을 차례로 느슨하게 만드는 이완에만 집중하는 편이 안전하다. 효과를 높이려면 호흡 + 근육 이완의 결합이 가장 강력한 조합으로 반복해서 강조된다.

상상력은 편도체를 깨울 수도 재울 수도 있다
: 이미지 트레이닝

호흡이나 근육 이완이 잘 맞지 않는 사람도 있다. 이때는 시각화(이미지)로도 이완 반응을 끌어낼 수 있다. 특히 강박 장애를 겪는 사람들 중에는 대뇌 피질이 매우 창의적이고 시각적이라, 상상력이 머릿속에서 불안한 영화를 상영하는 데 쓰이기도 한다.

하지만 같은 능력을 편도체를 진정시키는 방향으로도 활용할 수 있다. 편도체는 상상이냐 현실이냐를 엄격히 구분하지 못한다. 그래서 편안한 장면을 생생히 떠올리면, 그 장면은 실제로 편도체를 가라앉히는 쪽으로 작동할 수 있다.

간단한 테스트로 자신의 이미지 활용 능력을 점검해 볼 수 있다. 눈을 감고 5분 정도, 따뜻한 해변 같은 장면을 시각·청각·촉각·후각까지 동원해 떠올려 보라. 몰입이 잘 되고 편안하다면 이미지 기반 이완은 강력한 선택지가 된다. 반대로 금방 산만해지거나 불편하면, 다른 방법이 더 적합하거나 마음 챙김 연습이 선행될 수 있다.

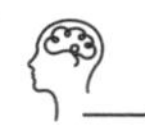# 흩어진 뇌를 '지금 이 순간'으로 소환하는 기술
: 명상의 과학

명상은 주의를 집중하는 훈련이다. 대상은 호흡일 수도 특정 주제일 수도 있다. 마음 챙김을 포함한 여러 명상 방식이 편도체 활성화를 낮추는 데 도움이 된다는 결과가 축적되어 왔다. 명상은 편도체뿐 아니라 대뇌 피질에도 영향을 주기 때문에, 불안뿐 아니라 침투적 사고 같은 강박 증상에도 유리하게 작용할 가능성이 있다.

명상의 효과는 단기와 장기로 나뉜다.

- 명상하는 동안 신체는 교감 우세에서 부교감 우세로 전환된다.
- 꾸준히 연습한 사람들은 불쾌한 자극을 마주할 때 편도체 반응이 줄어드는 경향도 관찰된다.

다만 명상은 한 번 해보고 끝인 기술이 아니다. 연구에서도 최소한의 훈련 시간이 전제되는 경우가 많다. 지도사·치료사의 도움, 또는 앱·온라인 자료를 활용해 지속하는 편이 좋다.

호흡 중심 명상의 핵심은 단순하다.

- 호흡의 감각을 관찰한다.
- 마음이 떠돌면, 비난하지 말고 다시 호흡으로 돌아온다.
- 돌아오는 횟수 자체가 훈련이다.

필요하다면 이완, 고요함 같은 단어를 호흡과 연결하거나, 내쉴 때 스트레스를 내보내고 들이쉴 때 맑은 공기를 채운다는 이미지를 덧붙여도 된다.

호흡, 근육 이완, 이미지, 명상의 목적은 같다. 편도체 활성화를 줄이고 부교감 상태로 이동하는 것. 중요한 건 자신에게 맞는 방법을 찾아 일상에 붙이는 것이다.

아침·저녁 루틴에 붙이거나, 업무 중 짧은 휴식, 대중교통 시간에 넣어라. 하루 2~3번의 짧은 이완 시간을 의도적으로 배치하면, 편도체가 고요한 상태를 더 자주 기억하게 된다. 시간이 지날수록 강박 장애가 운전대를 잡는 시간이 줄고, 당신이 운전석으로 돌아오는 시간이 늘어난다.

호흡과 이완으로 '편도체의 각성'을 물리적으로 낮추는 기술을 익혀라.

편도체가 흥분하면 몸은 전투 태세에 돌입한다. 6장의 핵심은 몸을 먼저 이완시켜 역으로 뇌에 안전 신호를 보내는 것이다.

◎ **신체적 이완의 힘** : 편도체는 논리로 설득되지 않지만, 근육이 이완되고 호흡이 깊어지면 상황 종료라고 판단해 경보를 끈다.

◎ **복식호흡과 점진적 이완** : 깊은 호흡과 근육의 이완 연습은 부교감 신경을 활성화하여 편도체의 전기적 활동을 직접적으로 낮춘다.

◎ **불안의 신체 언어 차단** : 심장 박동이 차분해지면 뇌는 더 이상 위험 시나리오를 쓸 근거를 잃게 된다.

▶▶ **몸의 긴장을 푸는 법을 익혔다면, 이제 뇌의 기초 체력을 키울 차례다. 7장에서는 일상의 기초 습관이 어떻게 불안에 강한 뇌를 만드는지 살펴본다.**

7장

기초 체력이
무너지면
방어선도 뚫린다

: 운동과 수면

이번 장은 편도체를 고요하게 유지해서 방어 반응이 자주 켜지지 않도록 돌보는 전략을 다룬다. 편도체가 활성화되면 우리는 단지 불안을 느끼는 데서 끝나지 않는다. 신체가 방어 반응의 양상으로 바뀌고, 그 신체 변화에 대해 대뇌 피질이 의미를 붙이며("큰일 난 건가?", "왜 이러지?") 불안이 더 커지기도 한다.

반대로 편도체가 고요하다는 건 신체가 이완돼 있고, 대뇌 피질이 더 침착하게 생각하며, 전반적인 불안이 낮다는 뜻이다. 이 고요함을 유지하는 데 운동과 건강, 그리고 충분한 수면이 핵심 축이 된다. 특히 운동은 뇌에 놀라울 만큼 강력하게 작용해, 뇌를 재배선하는 효과가 약물에 뒤지지 않는다는 점이 강조된다.

방어 반응의 목표 중 하나는 위험에 맞서 싸우거나 피해서 도망치도록 신체를 즉각적으로 준비시키는 것이다. 편도체가 방어 반응을 켜면 교감 신경계가 활성화되고, 몸은 움직일 준비 상태로 바뀐다.

그래서 역설적으로 신체를 실제로 움직여 주면(특히 유산소 운동) 편도체 활성화가 줄어든다. 마치 원하는 행동이 실행됐으니 이제 물러나도 된다는 신호를 주는 것처럼 말이다.

논리보다 생리 : 상황이 바뀌지 않아도 불안은 내려간다 ●

사람들은 흔히 운동이 도움이 된다는 말을 듣지만, 막상 불안이 솟구칠 때는 이렇게 반문한다.

- 발표가 코앞인데 달리기가 무슨 의미가 있지?
- 오염 공포가 치밀어오르는데 실내 자전거가 무슨 해결책이지?

편도체의 작동을 이해하기 전까지는 당연히 납득이 어

렵다. 하지만 편도체가 방어 반응을 켠 순간, 신체는 이미 행동할 준비에 들어간다. 그러니 움직이는 것이 맞는 대응이 된다.

더 흥미로운 지점은 이것이다. 불안을 만든 상황이 그대로여도 운동하면 불안이 줄어든다. 논리적으로는 이상해 보이지만, 실제 연구들은 지난 20여 년간 운동이 불안 감소와 관련됨을 반복해서 보여 왔다. 심지어 20분, 혹은 그보다 조금 적은 시간의 운동만으로도 불안이 낮아질 수 있다.

불안이 올라오는 순간, 운동을 대처 전략으로 써보기　　●

여기서 중요한 태도는 왜 운동이 이 상황에서 도움이 되는지를 논리적으로 끝까지 납득하려고 매달리지 않는 것이다.

예컨대 한 대학생 딸이 남자친구 문제로 불안해지다가 전화를 끊으며 "이 얘기 계속하면 더 불안해지니까, 그냥 좀 뛰어야겠어. 그러면 기분이 좋아질 거야"라고 말한 장면은 운동을 설명이 아니라 작동으로 이해하는 방식에 가깝다.

운동을 하면 근육 긴장이 줄고 과도하게 분비된 아드레날린을 소모하며 엔도르핀 생성이 촉진된다. 또 운동은 뇌의 세로토닌 수치를 높이는 것으로도 알려져 있는데, 이는 불안에 처방되는 많은 약물이 겨냥하는 효과와 닮아 있다. 그래서 약을 피하고 싶은 사람에게 운동은 현실적인 대안이 될 수 있다.

편도체 활성화를 줄이는 데는 대근육을 쓰는 유산소 운동이 특히 도움이 되는 듯하다. 예를 들면 달리기, 걷기, 자전거, 수영, 노 젓기, 에어로빅, 줄넘기 등이 있다. 그리고 현실적으로 가장 문턱이 낮은 선택은 가벼운 산책이다. 러닝머신도 충분히 효과적이다. 중요한 건 거창함이 아니라 몸을 움직여 심박수를 올리는 것이다.

운동의 효능은 단발성으로도 나타나지만, 규칙적인 운동 프로그램은 더 큰 변화를 만든다. 예컨대 2~3일에 한 번, 25분 이상을 12회 정도 꾸준히 한 참가자들이 전반적으로 불안이 줄었다는 결과가 보고된다. 불안이 높은 사람이 규칙적으로 운동을 시작하면, 횟수가 쌓일수록 불안이 더 낮아지는 경험을 하기도 한다. 노인의 불안에도 운동이 도움이 된다는 연구도 있다.

여기서 핵심은 운동이 체력이 좋아져서 마음이 편해진다 수준을 넘어 편도체 자체의 성향을 바꿀 수 있다는 주장이다.

연구에 따르면 규칙적인 운동은 사람뿐 아니라 생쥐·시궁쥐의 편도체에서도 변화를 일으킨다. 동물 연구에서는 위험 판단과 관련된 편도체 부위(외측 핵)의 특정 뉴런 활동이 운동으로 조정될 가능성이 제시된다. 규칙적인 운동이 편도체를 더 침착한 쪽으로 유도해 방어 반응을 일으킬 가능성 자체를 낮출 수 있다는 것이다.

인간 연구에서도 운동이 편도체와 전대상피질의 연결에 변화를 줄 수 있다는 결과가 보고되며, 단지 15분 운동 후에도 편도체 반응성이 달라졌다는 연구도 있다. 이 변화가 편도체와 섬(감정 체험에 관여하는 부위) 사이 연결과 맞물리고, 기분 개선·두려움 감소와 연결될 수 있다는 설명이 이어진다.

편도체 외에도 운동은 여러 뇌 영역에 영향을 준다. 연구들은 운동이 동물과 인간 모두에서 뉴런 성장 촉진과 관련될 수 있음을 보여 왔다. 운동은 신경전달물질 수준을 높이고, 대뇌 피질을 포함한 뇌의 변화(새로운 세포 성장 촉진)에도 관여할 수 있다.

장시간 혹은 고강도 운동은 엔도르핀 분비로 희열감을 주고, 대뇌 피질 활동성에 영향을 주며 우울 증상과 싸우는 데도 도움을 줄 수 있다.

가장 좋은 운동은

1. 적당한 강도가 있고,

2. 의사가 허용하며,

3. 무엇보다 자신에게 즐거운 운동이다.

즐거움이 중요한 이유는 단순하다. 그래야 계속한다. 친구나 가족과 함께하면 지속성이 더 올라간다. 저녁엔 걷고 주말엔 자전거를 타는 식으로 변화를 주면 흥미도 유지된다.

일주일에 최소 3번, 30분 이상 실천해 심장이 펌프질해 심박수가 올라간다면, 교감 신경을 쓰고 아드레날린을 태우는 방식으로 편도처가 원하는 방향을 실제로 해주는 셈이다. 그러면 불안이 즉각적으로, 또 장기적으로 줄어들 가능성이 커진다.

운동 강도를 높였을 때 불안이 어떻게 달라지는지도 관찰해 보라. 불안이 낮아지고 기분이 개선되며 강박 장애에 대한 통제감이 올라간다면, 운동은 단지 건강 습관이 아니라 편도체를 다루는 기술이 된다.

# 잠은 어떻게 편도체의 상처를 회복시키는가 : 수면의 조력

잠을 줄이면 편도체를 더 예민하게 만든다

우리 문화는 종종 잠을 가볍게 여긴다. 하지만 강박 장애가 있는 사람이라면, 수면 부족이 편도체에 미치는 영향을 그냥 넘길 문제가 아니다. 강박 장애는 완벽주의적인 생각(올바른 방식으로 끝내야 한다)이나 과도한 생각 습관 때문에 깨어있는 시간이 쉽게 늘어나고, 그 결과 잠이 뒤로 밀리기 쉽다.

잠을 뇌가 꺼지는 시간으로 생각하기 쉽지만, 실제로는 반대에 가깝다. 우리가 자는 동안 뇌는 꽤 중요한 일을 한다. 호르몬을 배출하고 필요한 신경전달물질을 만들어 내고 독소를 제거하며 기억을 저장한다. 충분히 자지 못하면 이 과정이 제대로 이루어지지 않는다. 그런데 강박 장애 관점에서 더 치명적인 문제는 따로 있다.

잠이 부족하면 편도체가 더 쉽게 활성화되어 불안이 증가하고, 그 불안이 강박 사고와 강박 행동을 더 부추기면서 강박 장애가 악화될 수 있다.

물론 수면 부족은 통증, 호르몬 불균형, 호흡 문제, 다양한 질병 등 여러 원인이 있을 수 있다. 그래서 필요하다면 수면 전문가의 검사와 치료를 통해 원인을 확인하는 것이 중요하다.

연구에서는 수면 부족 상태에서 편도체 활성도가 더 높아진다는 점이 확인됐다. 한 연구에서 대학생들에게 잠을 적게 자고 시험장에 들어오게 한 뒤, 밤에 적당히 자고 온 학생들과 비교했더니 잠이 부족한 학생들의 편도체가 감정적인 이미지에 더 강하게 반응했다는 차이가 나타났다 (Yoo et al. 2007).

수면 부족이 편도체를 자극하고 불안을 키운다는 점이 밝혀진 지 얼마 되지 않아 여전히 많은 사람들이 수면 부족의 해악을 과소평가한다. 그러나 강박 장애를 다룰 때 잠은 사치가 아니라, 편도체를 진정시키는 기초 체력에 가깝다.

"그냥 더 자라"는 조언이 통하지 않는 이유 ●

강박 장애처럼 불안을 기반으로 한 장애를 겪는 사람에게 "그냥 더 자면 도지"라는 말은 거의 도움이 되지 않는다. 더 자고 싶다고 해서 더 잘 수 있는 상태가 아니기 때문이다. 실제로 연구에 따르면 걱정과 반추 같은 불안 문제는 수면 문제와 밀접하게 연결되어 있다(Spoormaker and van den Bout 2005). 이때 핵심에 놓여 있는 뇌 부위가 바로 편도체일 가능성이 크다.

어쩌면 우리의 고대 조상들은 위험한 시기에 잠들지 않도록 만드는 편도체 덕분에 살아남았을지도 모른다. 어슬렁거리는 사자 떼가 근처에 있거나, 최근 지진이 발생해 추가 붕괴가 우려되는 상황에서 깊이 잠드는 것은 분명 위험하다. 이런 환경에서는 경계를 유지하고 즉각 반응하는 능력이 생존에 유리했을 것이다.

편도체가 계속 활성화되어 잠을 방해하는 사람은 위험 신호에 더 민감하게 반응했을 가능성이 높다. 그런 성향을 지닌 사람들이 더 많이 살아남았고, 그 특성이 다음 세대로 이어졌을 수도 있다. 이 가설을 과학적으로 완벽하게 증명하기는 어렵지만, 잠재적인 위협이 있을 때 수면을 방해하는 편도체는 진화적으로 충분히 이해 가능한 특성이다.

잠을 방해하는 것은 의지 부족이 아니다

문제는 우리가 오늘날 마주하는 스트레스가 밤새 깨어 있음으로 해결될 종류가 아니라는 점이다. 대출금을 제때 갚지 못할지도 모른다는 걱정, 부모님의 암 진단 소식, 직장에서의 실수 가능성 같은 문제는 밤을 새운다고 더 안전해지지 않는다.

그럼에도 불구하고 편도체는 여전히 고대의 방식으로 반응한다. 침대에 누워 하루를 정리하다가, 누군가 내 글에서 문법 오류를 발견하지는 않을지, 혹시 차를 몰다 개를 치고 온 것은 아닐지, 무언가 큰 실수를 저지른 것은 아닐지, 이런 생각이 떠오르면 편도체는 이를 잠재적 위협으로 해석하고 활성화된다. 그 결과 신체는 경계 상태로 들어가고, 잠들기는 점점 더 어려워진다.

이런 과정을 이해하면 중요한 사실 하나가 분명해진다. 강박 장애를 겪는 사람이 잠들지 못하는 것은 의지의 문제도, 게으름의 문제도 아니다. 위협을 감지했다고 판단한 편도체가 뇌와 몸을 깨우고 있기 때문이다.

따라서 수면 문제를 해결하려면 단순히 "더 일찍 자라"거나 "걱정하지 마라"는 조언이 아니라, 편도체의 과도한 경계 상태를 낮추는 접근이 필요하다. 이것이 앞서 살펴본 이완, 운동, 호흡, 그리고 이후에 다루게 될 수면 위생 전략들이 중요한 이유다.

잠들기 전, 첫 번째 목표: 편도체를 깨우지 않는 것　　　　●

잠들기 위해 가장 먼저 마음에 새겨야 할 목표는 단 하나다. 잠자리에 들기 전, 편도체를 활성화하지 않는 것.

우리는 종종 걱정해야 할 문제를 낮 동안 미룬다. 예를 들어 생활비 정리처럼 스트레스를 유발하는 일을 하루 종일 피했다면, 침대에 누웠을 때 그 걱정이 몰려오는 것은 거의 필연적이다. 얼마나 돈이 남았는지 확인해야 한다는 생각, 어떤 지출을 미뤄야 할지 결정해야 한다는 압박은 편도체를 즉각적으로 자극한다.

그래서 스트레스를 유발하는 활동이나 중요한 결정은 가능하면 오전이나 이른 저녁에 끝내는 것이 좋다. 수면을 방해하지 않는 시간대에 걱정할 일을 따로 계획해 두는 것도 하나의 전략이다. 걱정을 없애는 것이 아니라, 편도체를 깨우지 않는 시간대로 옮기는 것이다.

이미 살펴보았듯이, 어떤 생각을 하지 않겠다고 마음먹는 방식은 거의 효과가 없다. "걱정하지 말아야지"라고 다짐할수록 우리는 오히려 그 걱정을 더 또렷하게 떠올린다. 더 효과적인 방법은 걱정을 밀어내는 것이 아니라, 다른 생각으로 대체하는 것이다. 잠자리에 들기 전이나 침대에 누운 뒤에는 고요하면서도 약간의 흥미를 주는 생각에 주의를 돌리는 것이 좋다.

독서, 소리, 그리고 '집중의 힘'

사람마다 효과적인 방법은 다르다. 어떤 사람들은 음악을 들으면 잠이 잘 온다고 말한다. 그 방법이 잘 맞는다면 매우 좋은 선택이다. 하지만 음악을 들으면서 동시에 걱정에 빠지는 사람도 적지 않다. 음악은 다른 생각을 허용하는 여지가 있기 때문이다.

반면 많은 사람들이 책을 읽으면 잠이 잘 온다고 말한다. 이 방법은 특히 효과적일 수 있다. 독서와 걱정은 모두 언어 기반의 사고 활동이기 때문에, 동시에 수행하기 어렵다. 책을 읽는 동안에는 걱정에 필요한 사고 과정이 자연스럽게 방해된다.

다만 여기서 목표는 흥미진진한 소설에 빠져 밤을 새우는 것이 아니다. 고요하게 읽다가 졸음이 오면 바로 책을 덮는 것, 이것이 목적이다.

누군가의 목소리가 주는 안정

누군가 옆에서 말하는 소리를 듣는 것 역시 걱정을 차단하는 매우 강력한 방법이다. 다른 사람의 말을 듣고 있으면, 특히 집중해서 들을수록 자신의 생각을 이어가기 어렵다. 이는 우리가 동시에 두 가지 인지적 작업을 수행하기 얼마나 힘든지를 보여준다.

이 특성을 활용해 오디오북이나 잔잔한 팟캐스트, 녹음된 이야기를 들을 수 있다. 핵심은 들리는 내용에 어느 정도 주의를 기울이는 것이다. 소리를 틀어놓고 다시 자기 생각에 빠지면, 곧바로 걱정 채널로 돌아가게 된다.

편도체를 자극하지 않는 채널에 주파수를 맞추는 일. 찰스 디킨스의 소설, 혹은 사계절 꽃 피는 식물 고르기 같은 잔잔한 콘텐츠를 듣고 있으면 편도체는 이렇게 반응할 가능성이 높다.

"하암… 여긴 별일 없네."

목이 아픈 걸 보고 편도선을 제거해야 하나 걱정할 때, 혹은 연인의 전화가 늦어지는 걸 보고 관계가 끝날지 고민할 때와는 전혀 다른 반응이다.

결국 핵심은 하나다. 잘 시간이 가까워지면, 걱정과 괴로운 생각으로 편도체를 활성화하지 않겠다는 분명한 목표의식을 갖는 것이다. 걱정을 없애겠다는 목표가 아니라, 지금 이 시간만큼은 편도체를 깨우지 않겠다는 선택이다. 이 원칙이 자리 잡으면, 수면은 의지로 쟁취해야 할 과제가 아니라 편도체가 조용해진 뒤 자연스럽게 찾아오는 결과가 된다.

내 편도체에 필요한 잠은 얼마나 될까

수면은 단순히 쉬는 시간이 아니다. 잠은 뇌파의 종류와 뇌에서 일어나는 활동에 따라 몇 개의 단계로 나뉘어 진행된다. 이 단계들은 밤사이 일정한 순서로 반복되며, 그 중에서도 급속 안구 운동 수면, 즉 렘(REM)수면은 밤 동안 여러 차례 나타난다.

우리가 가장 선명하고 기억에 남는 꿈을 꾸는 단계가 바로 이 렘수면이다. 연구자들은 참가자들을 일부러 깨워 특정 수면 단계를 건너뛰게 한 뒤, 어떤 단계가 사라질 때 가장 부정적인 영향이 나타나는지를 살폈다. 그 결과, 렘수면의 부족이 편도체에 특히 치명적이라는 사실이 드러났다.

렘수면이 충분할수록 편도체는 덜 활성화된다. 다시 말해 고요한 편도체를 원한다면, 렘수면을 충분히 확보해야 한다는 뜻이다.

렘수면은 언제, 어떻게 늘어나는가　　　　　　　　　　●

렘수면을 충분히 얻기 위해서는 수면 주기의 구조를 이해할 필요가 있다. 첫 번째 수면 주기는 보통 최소 한 시간 이상이 걸리며, 이 주기가 끝나야 비로소 렘수면이 나타난다. 그리고 이 렘수면은 처음에는 아주 짧게 시작해, 수면 주기가 반복될수록 점점 길어진다. 이 구조가 의미하는 바는 분명하다. 렘수면 시간을 늘리려면 최소 7시간에서 9시간 정도는 자야 한다.

또 하나 중요한 점이 있다. 수면 주기는 매우 섬세해서,

밤중에 20분 정도만 깨어 있어도 그 흐름이 쉽게 깨진다. 연구에 따르면 수면이 자주 끊기면 수면 단계의 분포 자체가 달라지고, 렘수면은 조각나기 쉽다. 이를 가는 습관이나 반복적인 각성만으로도 렘수면의 질이 떨어질 수 있다.

더 흥미로운 사실은, 편도체 반응성의 감소가 잘 이어진 렘수면과 깊이 관련되어 있다는 점이다. 렘수면이 단순히 존재하는 것만으로는 충분하지 않고, 방해받지 않고 통합된 형태로 유지될 때 편도체를 진정시키는 효과가 극대화된다.

편도체를 진정시키는 수면의 원칙

: 길고, 깊고, 끊기지 않게　●

이 모든 연구를 종합하면 결론은 명확하다. 편도체를 고

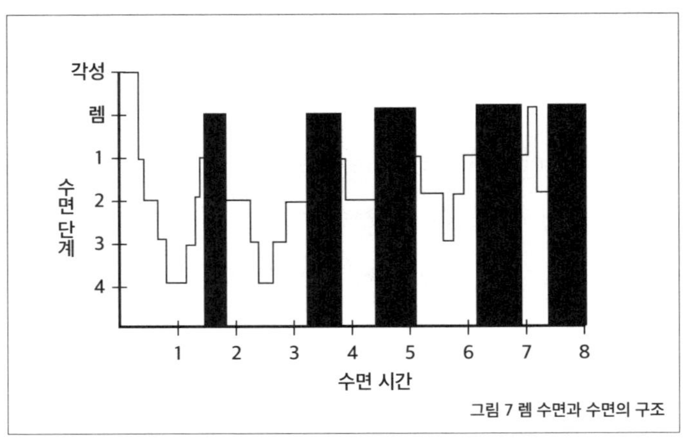

그림 7 렘 수면과 수면의 구조

요하게 유지하고 싶다면, 되도록 길게 그리고 지속적으로 자야 한다.

몇 시에 자는지는 그다지 중요하지 않다. 일찍 자든 늦게 자든, 중요한 것은 방해받지 않고 충분히 오래 자는 것이다. 밤중에 잠에서 깼다면 가능한 한 빨리 다시 잠들어, 수면 주기가 처음부터 다시 시작되지 않도록 하는 것이 좋다.

이 지점에서 수면 위생이 중요한 역할을 한다. 수면을 시작하고, 보호하고, 연장하는 습관에 신경 쓰면 불안이 줄어드는 것을 체감하게 된다. 불안을 잘 관리하는 사람일수록 수면을 우선순위에 둔다.

다음은 건강한 수면을 돕는 기본 원칙들이다.

◎ 편도체를 위한 수면 위생 체크리스트

- 잠자리에 들기 전 긴장을 푸는 고정된 루틴을 만든다.
- 잠들기 최소 한 시간 전부터 스크린과 강한 빛 자극을 줄인다.
- 운동은 낮에 하고, 잠들기 직전에는 피한다.

낮잠은 자지 않거나 15~20분 이내의 짧은 낮잠으로 제한한다.

- 일관된 취침·기상 시간을 유지해 뇌에 안정적인 리듬을 알려 준다.
- 누워 있을 때 걱정이나 강박 사고가 심해진다면, 낮에 '걱정할

시간'을 따로 정한다.

- 잘 시간이 가까워지면 편도체를 자극하는 생각 대신 편안한 생각을 선택한다.
- 필요하다면 생각 대신 책, 오디오북, 잔잔한 팟캐스트를 활용한다.
- 수면 환경이 어둡고 시원한지 점검한다.
- 늦은 오후 이후에는 카페인, 알코올, 매운 음식을 피한다.
- 30분이 지나도 잠들지 못하면 잠시 일어나 어두운 환경에서 편안한 활동을 한다.
- 침대가 신체에 맞는지 확인한다.
- 침대는 주로 자는 용도로만 사용한다.
- 수면 유도제는 단기적으로만 효과가 있으므로 가능하면 피하거나 제한한다.

유산소 운동을 충분히 하고, 렘수면을 지키며 잠을 잘 자는 것. 이 두 가지 생활 요소만으로도 편도체는 이전보다 훨씬 침착해진다.

수면과 운동은 '뇌의 회복력'을 결정짓는 가장 강력한 처방전이다.

약물만큼 강력한 효과를 내는 두 가지 생활 습관, 운동과 수면이 뇌의 저배선에 미치는 영향은 결정적이다.

◎ **천연 불안 완화제, 운동** : 유산·소 운동은 뇌의 화학적 균형을 맞추고 신경 가소성을 높여 불안한 회로가 건강한 회로로 대체되는 것을 돕는다.

◎ **뇌의 청소 시간, 수면** : 잠이 부족하면 감정을 조절하는 전두엽 기능이 약해져 사소한 일에도 편도체가 과잉 반응한다. 충분한 잠은 뇌의 감정적 여유를 복원한다.

◎ **일상의 예방 주사** : 규칙적인 신체 활동은 뇌가 스트레스에 대응하는 문턱을 높여준다.

▶▶ 신체적 기반이 갖춰졌다면 이제 편도체를 직접 재교육할 시간이다. 8장에서는 언어가 통하지 않는 편도체와 소통하는 특별한 방법을 배운다.

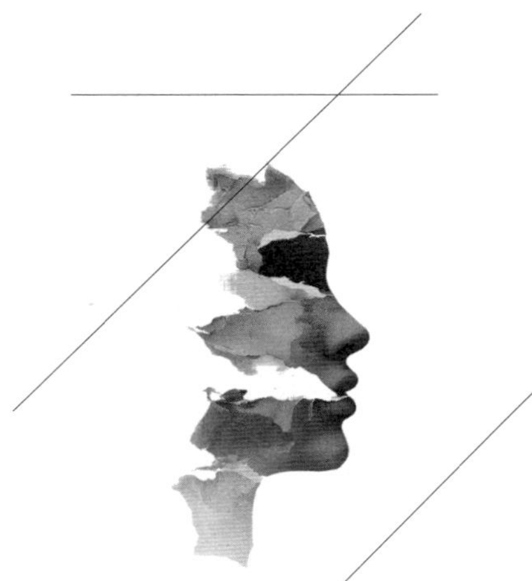

REWIRE YOUR BRAIN

8장

편도체는 말이 아니라 경험으로 배운다

: 편도체의 언어

이 장에서는 편도체의 언어를 배운다. 편도체가 무엇을 위험하다고 판단하는지, 그 판단은 어떻게 만들어지는지, 그리고 편도체가 어떤 방식으로 우리에게 신호를 보내는지를 이해하는 것이 목표다. 이를 위해 먼저 지금까지 편도체에 대해 알게 된 내용을 간단히 되짚어 보자.

편도체는 어떻게 위험을 구분하는가
: 위험 구분법

편도체가 위험을 감지하도록 돕는다면 편도체는 무엇을 기준으로 위험과 안전을 가를까? 우선 편도체는 일부 대상과 상황을 위협으로 반응하도록 미리 설정된 채 태어난다. 연구에 따르면 편도체는 곤충, 동물, 높은 곳, 물, 화난 표정, 오염 같은 자극을 위협으로 인식하는 경향이 있다. 거의 자극이 없어도 이런 대상 앞에서 두려움을 느끼는 이유다.

아이들의 반응을 떠올리면 이 특성이 분명해진다. 아이들은 실제로 훨씬 위험한 자동차보다 작은 거미나 개미를 더 무서워하는 경우가 많다. 이런 두려움은 논리적이라기보다는 진화적이다. 인간의 편도체에 내장된 이런 반응은 오랜 세월 동안 생존에 유리하게 작용했을 가능성이 크다. 이 관점에서 보면 오염, 질병, 피나 체액에 대한 공포처럼 강박 장애에서 흔히 나타나는 걱정 역시 진화적으로 설명할 수 있다.

다만 중요한 점이 있다. 편도체에 내장된 것처럼 보이는 두려움조차도 변할 수 있다는 사실이다. 그렇지 않다면 고소공포증을 극복하고 집라인이나 번지 점프를 즐기는 사람들을 설명하기 어렵다. 날카로운 이빨을 가진 작은 동물과 함께 잠드는 사람들 역시 마찬가지다.

경험이 편도체를 가르칠 때 ●

편도체는 타고난 두려움만으로 작동하지 않는다. 삶의 경험을 통해 끊임없이 학습한다. 부정적인 경험을 하면, 편도체는 이전에는 두려워하지 않던 대상이나 상황을 위협으로 인식하도록 새로운 뇌 회로를 만든다.

조니는 어릴 때 인도에서 자전거에 깔린 적이 있다. 그 이후 조니는 자전거를 보기만 해도 두려움과 공포 반응을 보인다. 세발자전거든 두발자전거든 상관없이 손대기조차 싫어한다.

이것이 바로 편도체의 작동 방식이다. 편도체는 조니를 보호하기 위해, 그 부정적인 사건과 관련된 사물을 모두 위협으로 저장했다. 그리고 그 기억과 비슷한 대상을 감지하면 즉시 방어 반응을 발동한다.

이 과정에서 편도체는 특정 위험을 피하도록 돕는 특수한 신경 회로를 만든다. 이런 능력 덕분에 편도체는 수백만 년 동안 거의 변하지 않은 채 인간의 생존에 기여해 왔다. 흥미롭게도 많은 강박 사고 역시 이와 동일한 학습 경로를 따른다.

편도체 기억의 한계 ●

조니의 사례를 조금 더 들여다보면 편도체 기억의 문제점이 드러난다. 인도로 다가오는 모든 자전거가 조니를 해치지는 않으며, 자전거를 만진다고 해서 다시 다칠 위험도 없다. 하지만 편도체는 이런 세부적인 차이를 잘 구분하지 못한다. 한 번 부정적인 경험이 축적되면, 편도체는 그 대상이나 상황을 위협으로 취급하도록 학습하고, 이 반응은 수년간 지속될 수 있다.

편도체가 만드는 기억은 사건에 대한 정확한 기록이 아니다. 그저 어떤 대상이나 상황을 위험이라는 감정과 결합한 것이다. 일단 위험하다는 꼬리표가 붙으면 편도체는 그 대상에 극도로 민감해지고, 마주칠 때마다 방어 반응을 일으킨다. 대뇌 피질 역시 이 신호에 주의를 집중하면서 강박적인 사고가 촉진된다.

특히 주의해야 할 점은, 어떤 사람이 두려움을 불러온 사건을 의식적으로 기억하지 못하더라도 편도체는 여전히 그것을 위협으로 간주할 수 있다는 사실이다. 시간이 흐르면서 조니의 대뇌 피질은 자전거에 깔린 기억을 잊을 수 있지만, 편도체는 오랫동안 그 기억을 붙들고 있을 수 있다. 그래서 조니는 이유를 설명하지 못하면서도 여전히 자전거를 두려워한다.

이처럼 편도체에 기반한 기억은 매우 강력하다. 기억의 출처가 대뇌 피질이 아니라 편도체이기 때문에, 우리는 왜 그런지 모르겠는데 불안하다는 상태를 경험하게 된다. 강박 사고 역시 종종 이런 방식으로 나타난다.

마지막으로 유전적 요인도 편도체의 반응성에 영향을 준다. 어떤 사람은 다른 사람보다 방어 반응을 더 쉽게 만들어내는 편도체를 타고날 수 있다. 실제로 왼쪽 편도체가 더 작은 아이들이 불안 문제를 더 많이 겪는 경향이 있다는 연구 결과도 있다.

그러나 이것이 운명을 뜻하지는 않는다. 편도체가 더 민감하게 태어났든 아니든, 편도체는 학습하는 기관이다. 그리고 학습할 수 있다는 말은 곧 다시 가르칠 수 있다는 뜻이기도 하다. 편도체의 언어를 이해하고 그 작동 방식을 알게 되면, 편도체의 반응 역시 달라질 수 있다.

편도체는 경험을 따라 배운다
: 학습의 원리

우리는 편도체가 경험을 통해 학습한다는 사실을 이미 살펴보았다. 인생을 살아가는 동안 편도체는 구체적인 경험을 따라 무엇이 위험한지, 무엇이 안전한지, 무엇이 불쾌하고 무엇이 유쾌한지를 배운다. 이때 편도체가 사용하는 방식은 '연합 과정'(process of association)이다.

전혀 안전한 대상이라도 부정적인 경험과 함께 등장하면, 그 대상은 순식간에 위협적인 것으로 바뀔 수 있다. 편도체에게 중요한 것은 사물의 실제 위험성이 아니라, 그 사물이 어떤 경험과 동시에 처리되었는가이다.

예를 들어 보자. 어린 시절, 맥도날드에서 치킨너겟과 바비큐 소스를 받았다고 하자. 당신은 소스에 너겟을 찍어 먹는 대신 양손을 소스에 담그고 얼굴에까지 발랐다. 그 순간 부모님이 놀라서 고함을 치며 급히 당신을 닦아 주었다고 가정해 보자.

이때 부모님의 격한 반응이 어린아이에게 부정적인 경험이었다면, 그 경험과 동시에 편도체는 강하게 활성화된다. 어린 당신의 편도체에서는 뉴런들이 점화한다. 그리고 바로 그 순간, 편도체는 손가락에 묻은 바비큐 소스의 형태, 색깔, 느낌 같은 감각 정보도 함께 처리한다.

중요한 점은 타이밍이다. 바비큐 소스에 대한 감각 정보가 부정적인 감정 반응과 거의 동시에 처리되었기 때문에, 편도체는 그 소스에 '위협'이라는 꼬리표를 붙인다. 이렇게 해서 손가락에 붉은 물질이 묻는 상황 자체가 불쾌하고 위험한 것으로 학습될 수 있다. 만약 소스를 맛보기까지 했다면, 그 맛 또한 고통스러운 기억과 엮일 수 있다.

연합 기반 감정 학습

이처럼 어떤 물체나 상황이 부정적인 사건과 쭉을 이룰 때 일어나는 감정 학습을, 심리학에서는 '고전적 조건 형성'(classical conditioning)이라고 부른다. 동물 실험에서는 실제로 이런 쌍이 형성될 때 편도체의 신경 연결이 만들어지는 장면이 관찰되었다.

편도체는 감정적으로 중요한 경험과 함께 등장한 대상에 대해 감정 기억을 만든다. 그래서 우리는 아버지의 화난 목소리를 두려워하게 되고(벌주기 전에 소리를 질렀기 때문에), 할머니를 떠올리면 따뜻한 기분이 들며(늘 간식이나 선물을 주셨기 때문에), 얼어붙은 도로에서 운전하는 일을 두려워하게 된다(한 번 사고를 낸 경험 이후로).

이런 연합은 긍정적일 수도 있지만, 강박 장애와 관련해서는 특히 부정적인 연합이 중요하다. 부정적인 경험은 편도체가 방어 반응을 일으키도록 학습시키고, 이것이 불안

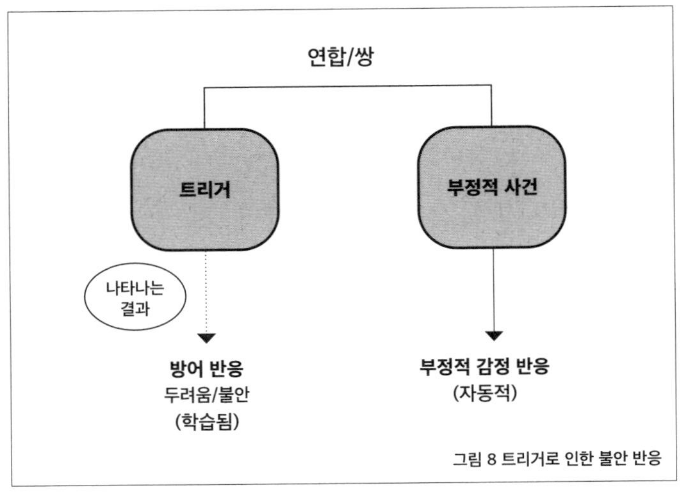

그림 8 트리거로 인한 불안 반응

의 핵심이 되기 때문이다.

함께 점화하는 뉴런은 함께 연결된다

편도체의 연합 기반 언어는 수많은 감정 반응을 만들어 낸다. 불안의 경우, 편도체는 어떤 대상이나 상황을 위협으로 식별하는 기억을 형성한다. 이 연결이 만들어지고 나면, 그 대상과 연합된 장면, 소리, 냄새, 감각만으로도 편도체는 활성화된다.

이때 편도체를 켜는 모든 자극을 우리는 '트리거'(trigger)라고 부른다. 트리거는 특정 사건, 물체, 소리, 냄새, 감각일 수 있다. 향수 냄새, 더러운 빨래 더미, 손에 묻은 갈색 얼룩, 특정한 노래 한 곡까지도 트리거가 될 수 있다.

트리거가 만들어지는 조건은 단순하다. 어떤 자극이 편도체를 강하게 활성화하는 부정적인 경험과 동시에 처리되기만 하면 된다. 그 자극 자체가 해로울 필요는 없다.

조금 기술적인 이야기지만, 편도체를 다시 가르치려면 이 원리를 이해하는 것이 중요하다. 뇌는 뉴런이라는 세포들로 이루어져 있고, 뉴런들이 연결될 때 기억이 형성된다. 핵심 원리는 간단하다. 함께 점화하는 뉴런은 함께 연결된다.

편도체에서 한 뉴런이 점화하는 동시에 다른 뉴런이 점화되면, 두 뉴런 사이의 연결은 강화된다. 이런 패턴이 반복되면, 한 뉴런의 활성화가 자동으로 다른 뉴런을 활성화하는 회로가 만들어진다. 이것이 바로 학습이다. 다시 말해, 신경 회로를 바꾸려면 뇌의 활성화 패턴이 달라져야 한다.

트리거의 강도는 다르다

이제 트리거가 어떻게 만들어지는지 이해했을 것이다. 어떤 물체나 상황이 위험해서가 아니라, 위협적인 감정 상태와 동시에 경험되었기 때문에 트리거가 된다. 극단적인 예로, 전혀 해롭지 않은 곰 인형도 가능하다. 곰 인형을 보고 있을 때 편도체가 강하게 활성화되는 사건이 동시에 일어나면, 그 곰 인형은 불안을 유발하는 대상이 될 수 있다.

알폰소의 사례도 마찬가지다. 그는 공군 복무 중 늘 문제 없이 통과하던 생활관 점검에서 벌점을 받은 적이 있다. 그 일로 크게 화가 나 대위를 찾아갔고, 대위는 냉장고 패킹에 작은 검은 얼룩이 있다고 지적했다. 그 이후 알폰소는 점검이 있을 때마다 냉장고, 특히 패킹 청소에 집착하게 되었고, 사소한 얼룩만 보여도 극심한 스트레스를 받았다.

검은 얼룩이나 오염 자체는 위험하지 않았다. 하지만 그 얼룩이 강한 부정적 경험과 연합되면서, 알폰소의 편도체는 이제 그것을 위협으로 인식하게 된 것이다. 그 결과, 점검이 없는 상황에서도 그는 냉장고 얼룩에 괴로워했다.

트리거에 대한 편도체의 반응 강도는 그 트리거와 연합된 경험이 얼마나 불쾌했는지에 따라 달라진다. 어릴 때 소아과 진료와 함께 먹었던 특정 사탕은 약한 트리거가 될 수 있다. 반면, 달걀 샐러드를 먹고 심하게 아파 토했던 경험이 있다면, 그 이후로 달걀 샐러드는 수년이 지나도 강력한 트리거가 된다. 보기만 해도 속이 울렁거릴 수 있다.

이처럼 편도체는 논리적으로 판단하지 않는다. 대신 경험을 따라, 연합을 따라 학습한다.

편도체는 말하지 않고 느끼게 한다 : 소통의 기술

편도체는 "이게 왜 위험한지"를 설명하지 않는다. 대신 당신은 막연하게 위험을 감지한다. 원하든 원하지 않든 특정 물체나 소리에 주의가 쏠리고, 압도당한 느낌이 들며,

몸이 얼어붙을 수도 있다.

때로는 뭔가 해야 한다는 강한 충동이 생긴다. 개에게서 도망쳐야 할 것 같거나, 손을 씻어야 할 것 같고, 물건을 제자리에 두지 않으면 안 될 것 같은 느낌이 든다. 동시에 심장이 두근거리고, 입이 마르며, 속이 메스껍거나 아드레날린이 폭발하는 듯한 신체 감각이 뒤따른다.

이런 감정적·신체적 경험이 바로 방어 반응을 펼치는 편도체의 언어다. 그 강도는 아주 가벼운 불편감에서부터 극심한 공포와 도망치고 싶은 충동까지 다양하다.

대뇌 피질은 당신이 경험하는 감각과 느낌을 이해하고 설명하려는 역할을 맡는다. 그래서 편도체에서 생성된 경험을 말과 생각으로 옮기려 한다. 문제는 대뇌 피질이 만들어낸 설명이 실제로 일어나는 일을 정확히 반영하지 못할 수 있다는 점이다. 예를 들어, 친구가 운전하는 차에 타기 싫은 이유를 이렇게 말할 수 있다.

"네가 위험해서가 아니라, 다른 사람들이 어떻게 운전할지 모르니까."

하지만 편도체에서 생성된 두려움은 이런 논리적 판단에서 비롯된 것이 아닐 가능성이 크다. 당신은 그저 차에 타는 상황 자체가 트리거가 되어 방어 반응을 경험하고 있을 뿐이다. 그 친구가 얼마나 안전한 운전자인지는 편도체에게 중요하지 않다.

잘못된 해석이 불안을 키울 때

편도체는 논리적이지 않다. 그리고 편도체가 반응하는 트리거는 실제 위험을 동반하지 않는 경우가 많다. 이웃집 개는 위험하지 않을 수 있다. 하지만 편도체가 과거의 학습 때문에 그 개를 트리거로 인식한다면 방어 반응은 매우 실제적으로 나타난다.

대뇌 피질은 이런 느낌을 설명하기 위해 그럴듯한 이유를 만들어낸다. 하지만 그 과정에서 오히려 편도체를 더 활성화할 수 있다. 예컨대 "다른 차가 사고를 낼 수도 있어"라는 설명은 음주 운전 사고 같은 이미지를 떠올리게 하고, 그 이미지는 다시 편도체를 자극한다.

이처럼 대뇌 피질은 상황을 이해하려다 편도체의 불안을 키울 수 있다.

생각은 원인이 아닐 수 있다

불안에 대처하는 데 중요한 도구 하나는 이것이다. 대뇌 피질이 만들어낸 설명이, 편도체 반응의 실제 원인일 거라고 믿지 않는 것.

당신의 신체적·정신적 반응은 매우 실제적이지만, 그에 대한 대뇌 피질의 해석은 틀릴 수 있다. 편도체가 개에 반응하는 이유는 다섯 살 때 겪은 어떤 경험 때문일 수 있다. 대뇌 피질은 그 일을 기억하지 못하지만, 편도체는 여전히 그 기억을 붙들고 있다.

"이 개가 나를 물 거야"라는 생각은 편도체의 생각이 아니다. 그것은 두려움을 설명하려는 대뇌 피질의 산물이다. 개의 이빨이 팔을 뚫는 장면을 떠올리는 이미지 역시 편도체가 아니라 대뇌 피질에서 나온다. 그리고 이런 이미지는 전혀 도움이 되지 않는다.

다행히 대뇌 피질은 이렇게 말하도록 학습할 수 있다.

"편도체가 이 자극에 반응하고 있지만, 이것이 실제로 위험하다는 증거는 없다."

당신은 분명히 강렬한 감정과 신체 반응을 경험하고 있다. 그것이 편도체에서 비롯되었다는 것도 알고 있다. 하지만 그렇다고 해서 그 반응이 현실을 정확히 반영한다고 추측할 필요는 없다.

이 인식은 상황을 해결하는 방법을 즉시 알려주지는 않지만, 추가적인 편도체 활성화를 막는 데 결정적이다. 다음 단계에서 다룰 전략들이 바로 여기서 출발한다.

왜 가장 무서운 순간은 언제나
사건 직전일까 : 예기 불안

편도체의 언어에서 마지막으로 짚고 넘어가야 할 중요한 특징은 타이밍이다. 편도체는 방어 반응을 일으켜 두려움과 불안을 동반하는데, 그 반응은 대개 위험한 상황이 실제로 벌어지기 전에 나타난다.

개를 두려워하는 사람을 떠올려 보자. 편도체가 신체적·정서적 반응을 유발하는 시점은 보통 개와 직접 접촉한 뒤가 아니라, 개를 보기 전, 듣기 전, 혹은 개가 있을 것이라는 생각을 하는 순간이다. 이는 매우 합리적인 설계다. 효과적인 FFF 반응이라면 위험이 닥친 뒤가 아니라 그 전에 작동해야 하기 때문이다. 호랑이가 이미 덮친 뒤에야 도망칠 준비를 한다면 아무 소용이 없다.

이 때문에 길 건너편에 있는 개를 보기만 해도, 혹은 개를 키우는 사람을 만나러 간다는 생각만 해도 두려움이 치솟을 수 있다.

가장 무서운 순간은 직전이다 ●

최악의 두려움은 상황이 실제로 벌어질 때가 아니라, 그 상황에 들어가기 전에 나타난다. 불안은 다가올수록 커지고, 바로 직전에 최고조에 달했다가, 막상 상황이 시작되고 위험이 나타나지 않으면 서서히 줄어든다.

학생들은 시험을 보기 전 가장 겁을 내지만, 시험이 끝나면 그 두려움을 느끼지 않는다. 전화 통화를 두려워하는 사람도 마찬가지다. "전화기를 들기 전에도 이렇게 무서운데, 통화는 어떻게 하겠어?"라고 말하지만, 실제로 가장 고통스러운 시간은 전화를 미루며 보내는 시간이다.

대부분의 사람들은 이 사실을 잘 모른다. 그래서 불안을 피하려고 상황을 회피하지만, 그 회피가 오히려 가장 괴로운 시간을 길게 만든다.

조세피나는 회사의 브레인스토밍 회의에서 종종 좋은 마케팅 아이디어가 떠올랐다. 하지만 발표하는 것이 너무 불안해 입을 다물곤 했다. 그리고 이런 예기 불안을 아이디어가 별로라는 신호로 오해했다. 그러나 어느 날 불안을 뚫고 아이디어를 말했을 때, 반응은 예상보다 훨씬 긍정적이었다. 더 놀라운 사실은 말하기 시작하자마자 불안이 빠르게 줄어들었다는 점이었다.

조세피나는 그제야 깨달았다. 불안은 아이디어의 질을 판단하는 기준이 아니며, 자신이 무능하다는 증거도 아니라는 사실을. 그동안 그녀는 불안 때문에 자신의 강점을 스스로 가로막고 있었던 것이다. 이 역시 편도체가 논리적으로 작동하지 않는다는 점을 잘 보여준다.

◎ 편도체 언어

- 편도체는 신체 반응과 감정 반응을 통해 소통한다.
- 우리가 불안과 두려움에 대해 떠올리는 생각과 설명은 편도체의 언어가 아니라 대뇌 피질의 해석이다.
- 편도체는 논리나 추론이 아니라 연합을 통해 학습한다.
- 편도체는 대뇌 피질보다 먼저 반응하기 때문에 생존에는 유리하지만, 위험이 없을 때도 잘못 반응할 수 있다.
- 방어 반응과 불안은 보통 위협적인 상황 '전'에 최고조에 달했다가, 상황이 실제로 펼쳐지고 위험이 없으면 줄어든다.
- 불안에 대한 생각은 대뇌 피질에서 오며, 편도체가 왜 반응하는지와 아무 관계가 없을 수 있다.

편도체를 이해하고 싶다면, 대뇌 피질의 설명에만 귀를 기울이지 말고 편도체의 언어를 떠올려야 한다. 특히 편도체가 쌍을 이뤄 학습한다는 사실이 중요하다.

편도체 언어를 읽는 연습

모니카는 집이 어지러울 때마다 강한 불안감을 느꼈다. 싱크대에 쌓인 접시나 거실에 흩어진 옷과 장난감을 보기만 해도 마음이 조급해졌다. 친구들이 놀러 올지도 모른다는 생각이 들면 공포에 가까운 불안이 몰려왔다. 이런 집을 누구에게도 보이고 싶지 않았다.

그녀는 이 불안이 편도체에서 온 것임을 어렴풋이 느꼈고, 왜 편도체가 이렇게 반응하는지 알고 싶어졌다. 과연 그녀는 원래 무질서에 취약하게 태어났을까?

치료사는 이렇게 설명했다. 모니카의 편도체는 무질서와 부정적인 경험을 쌍으로 학습했을 가능성이 높다고. 어

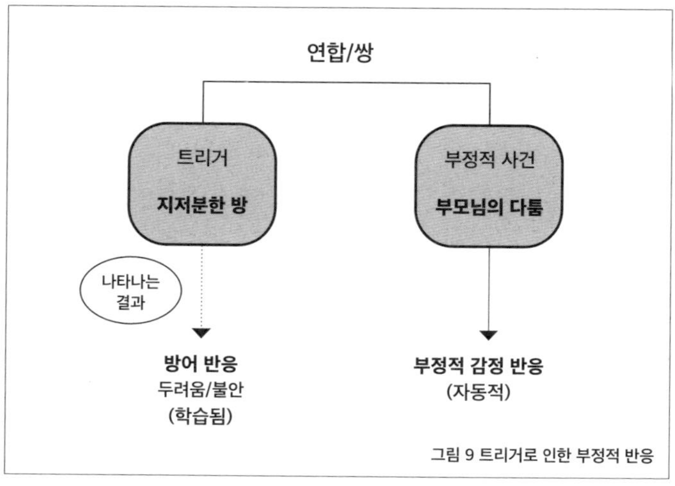

그림 9 트리거로 인한 부정적 반응

릴 적, 집이 어지러울 때마다 부모님은 싸웠고, 아버지는 집을 치우기 전까지 외출하지 않겠다고 말했다. 이런 반복된 경험 속에서 편도체는 지저분한 방을 비난과 위협과 연결해 학습했을 것이다.

트리거는 이렇게 만들어진다. 이를 간단히 정리하면 다음과 같다.

- 트리거: 지저분한 방
- 부정적 사건: 부모님의 다툼
- 결과: 방어 반응 → 두려움과 불안

이후 편도체는 지저분한 방을 보거나, 심지어 떠올리기만 해도 방어 반응을 개시한다. 이 원리는 매우 보편적이다.

존은 우회전 사고 이후 우회전을 두려워하게 되었고, 어린 에마는 생일 케이크가 놀림과 연합된 뒤 불안을 느끼게 되었다. 중요한 점은 이것이다. 물체나 상황 자체가 위험할 필요는 없다. 부정적인 경험과 한 번이라도 강하게 연결되면, 그것은 편도체에게 위험 신호가 된다.

다행히도 편도체는 새롭게 학습할 수 있다. 모니카, 존, 에마 모두 편도체가 더 이상 같은 방식으로 반응하지 않도록 가르칠 수 있다.

다음 장에서는 편도체가 이런 방식으로 학습했다면 어떻게 다시 학습시킬 수 있는지, 즉 편도체에게 새로운 경험을 통해 다르게 반응하도록 가르치는 방법을 본격적으로 살펴보게 될 것이다.

편도체의 언어로 도표 그리기

앞에서 살펴본 것처럼 편도체는 연합을 통해 학습한다. 다시 말해, 대개는 중립적인 대상(트리거)이 어떤 불쾌한 사건과 짝을 이루는 순간, 그 대상은 불안을 불러오는 신호가 된다.

아래의 예들을 읽고, 각각에서 트리거와 부정적 사건을 찾아보자. 대부분 이 두 가지만 찾으면 그림 8과 9에서 보았던 것과 같은 도표를 그릴 수 있다. 이 두 요소가 쌍을 이룰 때에만 편도체는 트리거에 불안 반응을 만들어낸다.

◎ 연습 문제

1. 어머니가 몹시 화난 표정으로 아이를 바라보다가 큰

소리로 고함을 친다. 이후 편도체는 화난 표정에 '위험'이라는 꼬리표를 붙인다. 그 결과, 어머니가 화난 표정만 지어도 불안 반응이 자동으로 일어난다.

2. 한 여성이 특정 브랜드의 향수를 뿌린 남자에게 폭행을 당한다. 그 경험 이후, 이 향수 냄새는 강한 공포심을 일으키는 자극이 된다.

3. 아이가 교사에게 도움을 요청했다가 공개적으로 비난받고 창피를 당한다. 그 뒤 몇 달 동안 아이는 선생님에게 질문하러 가는 생각만 해도 겁에 질린다.

이 연습의 핵심은 단순하다.

"무엇이 중립적인 대상이었는가?"
"무엇이 편도체를 강하게 활성화한 부정적 사건이었는가?"

이 두 질문에 답할 수 있다면, 편도체의 언어를 읽고 있는 것이다.

◎ 도표 연습의 정답

1. 트리거: 화난 표정 / 부정적 사건: 어머니의 고함

2. 트리거: 특정 향수 냄새 / 부정적 사건: 폭행

3. 트리거: 질문하기 / 부정적 사건: 비난과 창피

이제 다시 집이 어지러울 때 불안을 느끼는 모니카의 이야기로 돌아가 보자.

우리는 이미 그녀의 두려움이 편도체에서 비롯되었다는 점을 이해했다. 어지러운 집은 부모님의 싸움과 짝을 이루며 편도체에 저장되었고, 그 결과 집이 어지럽다는 사실 자체가 불안의 트리거가 되었다. 하지만 여기서 중요한 점이 하나 더 있다. 편도체에서 시작한 두려움은 대뇌 피질의 개입으로 훨씬 커질 수 있다.

모니카가 집을 보고 불안을 느끼는 순간, 그녀의 대뇌 피질은 이 두려움이 정당한 이유를 찾기 시작한다. 그러다 이런 생각에 이른다.

"사람들이 이 집을 보면 나를 한심하게 보지 않을까?"

"친구들이 나를 무책임한 사람이라고 생각하지 않을까?"

이런 생각은 편도체가 처음 반응한 이유는 아니다. 모니카의 편도체는 어린 시절, 어지러운 집과 부모님의 다툼이라는 고통스러운 경험을 이미 쌍으로 학습했기 때문이다. 그럼에도 불구하고, 대뇌 피질이 타인의 비판적 반응을 상상하는 순간, 편도체는 그 상상에 다시 반응하며 더 강하게 활성화된다. 그 결과 모니카는 집 상태에 집착하고, 다른 사람들의 집과 비교하고, 각 방을 평가하며, 무엇을 고

처야 할지 끝없이 따지다 지쳐버린다.

이처럼 대뇌 피질은 편도체에 기반한 두려움을 받아 확대 재생산할 수 있다. 편도체에서 시작했다고 해서 반드시 편도체에서 끝나는 것은 아니다. 그래서 이 책의 3부에서 우리는 대뇌 피질을 관리하는 법을 다룰 것이다.

논리가 통하지 않는 편도체에게는 '직접 경험'만이 유일한 대화 수단이다.

편도체는 똑똑한 대뇌피질과 달리 글이나 말로 배우지 않는다. 편도체가 학습하는 유일한 방식은 연상과 경험이다.

◎ **언어가 통하지 않는 아이** : 편도체에게 "걱정하지 마"라고 백 번 말하는 것보다, 위험해 보이는 상황에 직접 노출되어 아무 일 없음을 보여주는 것이 효과적이다.

◎ **연상의 고리 끊기** : 특정한 장소나 물건이 불안을 일으킨다면 그것이 안전하다는 새로운 경험을 반복해 기존의 공포 기억을 덮어써야 한다.

◎ **경험적 학습** : 뇌는 논리가 아니라 직접 겪은 것만을 진실로 믿는다.

▶▶ **편도체의 학습법을 알았다면 이제 실전 훈련이다. 9장에서는 편도체를 가장 확실하게 재교육하는 기술, 노출의 원리를 마스터한다.**

9장

강박 행동이라는
가짜 보상을 거부하라

: 편도체 길들이기

편도체의 언어를 이해했다면, 이제 편도체가 다르게 대응하도록 학습시키는 단계로 나아갈 차례다. 편도체를 가르친다는 것은 단순히 불안을 줄이는 문제가 아니라, 불안이 강박 사고와 강박 행동으로 이어지는 방식을 근본적으로 바꾸는 핵심 과정이다.

이를 위해서는 지금의 트리거가 실제로는 위험한 상황이 아니라는 사실을 편도체에 설명하는 것이 아니라, 직접 보여줘야 한다. 트리거를 위험이 아닌 안전한 것으로 인식하는 새로운 기억을 뇌에 만들어야 하기 때문이다.

이 장에서는 편도체가 트리거에 다르게 반응하도록 재교육하는 과정을 살펴보고, 동시에 트리거가 마치 위험한 것처럼 느껴질 때마다 편도체의 반응을 강화해 버리는 강박 사고와 강박 행동에 어떻게 저항할 수 있는지도 함께 다룬다.

경험을 통해서만 배우는 편도체

연구에 따르면 강박 장애에 가장 효과적인 심리 치료는 '노출 및 반응 방지법(ERP)'을 활용한 인지 행동 치료다(Koran and Simpson 2013). 실제로 약물 치료 없이도 ERP만으로 효과를 본 사례들이 꾸준히 보고되고 있다(McLean et al 2015).

ERP의 핵심은 편도체를 트리거가 되는 상황이나 물체에 노출시키고, 그 과정에서 편도체가 다른 반응을 배울 수 있는 경험을 제공하는 데 있다. 이것이 바로 편도체의 언어로 접근하는 방식이다. 노출 과정에서는 방어 반응과 그에 따른 불안을 견디면서, 어떤 강박 행동에도 저항해야 한다. 강박 장애를 겪는 사람이라면 누구에게나 매우 어려운 일이다.

만약 편도체를 가르치는 더 쉽고 덜 고통스러운 방법이 있다면, 누구든 그 방법을 선택했을 것이다. 그러나 편도체가 트리거에 대응하는 방식을 바꾸려면 그 트리거를 직접 경험하는 과정이 반드시 필요하다. 손에 끈적한 것이 묻은 느낌이든, 동료들 앞에서 발표하는 상황이든, 배우자가 바람을 피운다는 생각이든 상관없다.

편도체는 말로 안심시킨다고 해서 바뀌지 않는다. 아무리 괜찮다고 스스로를 설득해도, 직접적인 경험만큼 신경 기억을 조정하는 효과는 없다. 트리거를 실제로 경험하는 것이 편도체에 새로운 기억을 만들어내는 가장 강력한 방법이다(LeDoux 2015).

고통스럽지만 피할 수 없는 진실 ●

이 점은 강박 장애의 한계를 벗어나기 위해 반드시 마주해야 하는, 고통스럽지만 강력한 진실이다. 편도체가 트리거를 경험하면, 그 트리거와 관련된 기억 구조가 활성화되고 편도체 역시 함께 활성화된다(LeDoux 2015). 편도체는 트리거를 경험할 때 반드시 방어 반응을 일으키므로, 새로운 기억을 심어주려면 트리거를 피하지 않고 함께 경험해야 한다.

이 과정이 있어야만 특정 트리거에 대해 편도체에 새로운 가르침을 줄 수 있다. 편도체 뉴런이 활성화되고, 그 사이에 새로운 연결이 형성되지 않으면 학습은 일어나지 않는다. 이 문장을 기억하자.

"새로운 연결을 생성하려면 편도체를 활성화하라."

논리가 아니라 새로운 연결로
뇌를 다시 가르치기 : 연합 학습

편도체는 논리, 추론, 안심을 통해 기억을 바꾸지 않는다. 그런 기능은 대뇌 피질의 영역이다. 그래서 강박 장애를 치료하는 치료사들이 가장 좌절을 느끼는 순간은, 아무리 설명해도 편도체가 전혀 반응하지 않을 때다. 이 책을 읽는 것도 마찬가지다. 이 책의 내용은 대뇌 피질에는 영향을 줄 수 있지만, 편도체 자체를 직접 바꾸지는 못한다.

편도체는 경험을 통해 불안을 생성하는 법을 배웠기 때문에, 새로운 것을 태우기 위해서도 반드시 무언가를 경험해야 한다. 이미 살펴본 것처럼 깊고 느린 호흡, 근육 이완을 동반한 호흡, 규칙적인 신체 운동, 렘수면이 충분한 수면 등은 편도체의 활성도를 낮추고 진정시키는 데 도움이 되는 경험들이다.

하지만 편도체가 트리거에 어떻게 반응하는지를 결정하는 기억 자체를 바꾸고 싶다면, 편도체가 사용하는 방식, 즉 '쌍을 이루어 학습하는 언어'로 소통해야 한다. 편도체는 그렇게 세상에 대응하기 때문이다. 함께 점화되는 뉴런은 함께 연결된다. 따라서 편도체에 새로운 것을 가르치고 싶다면, 바로 이 연결 과정을 표적으로 삼아야 한다.

핵심은 트리거가 부정적인 사건과 쌍을 이루지 않는 경험을 반복적으로 제공하는 것이다. 다시 말해, 부정적인 일이 일어나지 않는 상황에서 트리거에 노출되는 경험에 집중해야 한다. 이런 경험이 여러 차례 반복되면, 편도체는 트리거가 더 이상 위험과 연결되지 않는다는 사실을 학습하고 새로운 기억을 형성한다.

그 결과 편도체는 트리거에 대해 방어 반응을 일으키지 않게 되고, 불안을 통해 강박 사고와 강박 행동이 삶을 지배하는 과정도 서서히 멈추게 된다. 이것이 바로 편도체를 가르친다는 것의 의미다.

두려움을 견디며 뇌의 반응을 바꿔나가는 과정 : 노출의 힘

노출은 ERP에서 가장 중요한 요소다. 여기서 말하는 노출이란 트리거를 반복해서 마주하면서도 실제로는 아무 부정적인 일이 일어나지 않는다는 사실을 편도체가 직접 경험하도록 하는 것을 뜻한다.

노출은 다양한 형태를 띤다. 사람들이 각자 준비한 음식을 함께 먹어도 아무 일이 일어나지 않는 경험일 수도 있고, 어머니가 돌아가시는 장면을 일부러 상상해 보지만 실제로 해로운 결과가 나타나지 않는 경험일 수도 있다.

노출에서 반드시 일어나는 한 가지

다만 한 가지는 분명히 일어난다. 바로 방어 반응과 그에 따른 불안 경험이다. 노출이 시작되면 편도체는 거의 예외 없이 방어 반응을 펼친다. 심장이 빨라지그 긴장감이 높아지며 불안이 치솟는다. 그래서 노출은 불편하고 때로는 매우 고통스럽다. 이 때문에 많은 사람들이 노출을 피한다. 하지만 노출을 반복적으로 경험하면 새로운 기억이 형성되면서 편도체의 활성화가 점점 줄어든다(Roy et al 2014).

노출이 쉬운 과정이었다면 더 많은 사람들이 치료사나 코치의 도움 없이 이미 편도체를 재교육했을 것이다. 하지만 현실에서는 대부분의 사람이 두려운 대상을 피한다. 그 결과 편도체는 아두런 새로운 학습을 하지 못한 채, 수년 동안 같은 트리거에 같은 방어 반응을 반복한다.

네 살 때 개에게 들이받힌 소년의 예를 떠올려 보자. 부모가 아이의 두려움을 도와주려면 아이에게 개를 만나도 아무 부정적인 일이 일어나지 않는 경험을 반복해서 제공해야 한다. 개와의 경험이 부정적이기보다 중립적이거나 긍정적으로 쌓이면 편도체에는 새로운 연결이 만들어지고, 개를 보아도 과도한 불안을 느끼지 않게 된다.

이런 노출은 보통 점진적으로 진행하는 것이 좋다. 처음에는 개와 멀리 떨어져 있다가 점점 가까이 다가가고 마지막에는 개를 만져보는 식이다.

중요한 점은 편도체가 쌍의 언어를 이해한다는 사실이다. 편도체는 기존의 '트리거 + 부정적 사건' 쌍 대신 '트리거 + 안전/진정'이라는 새로운 쌍을 만들어 간다. 이 학습은 직접 경험뿐 아니라 관찰을 통해서도 일어날 수 있다.

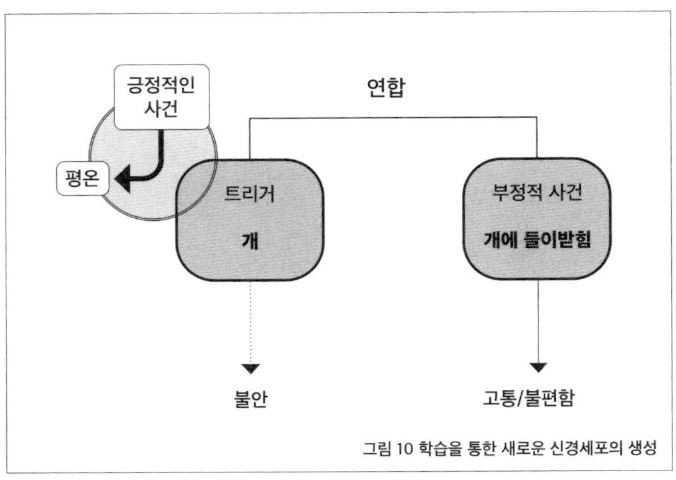

그림 10 학습을 통한 새로운 신경세포의 생성

다른 사람이 개를 만지거나 치료사 사무실에서 사탕 단지의 사탕을 꺼내 먹는 모습을 보는 것만으로도 편도체에는 도움이 된다(Olsson, Nearing, and Phelps 2007).

모든 트리거를 다룰 필요는 없다 ●

노출이 어렵기 때문에 삶의 모든 트리거를 대상으로 삼을 필요는 없다. 중요한 것은 삶의 목표를 방해하는 트리거다. 트리거 때문에 제시간에 출근하지 못하거나, 잠자리에 들지 못하거나, 중요한 행사에 가지 못하거나, 직장에서 성장의 기회를 놓친다면 그 트리거는 반드시 다뤄야 할 대상이 된다.

루피타는 CEO로서 업무를 잘 수행하고 있었지만 자신이 그 자리에 어울리지 않는다는 끝없는 의심에 시달렸다. 아침에 눈을 뜰 때부터 잠들기 직전까지 "나는 사람들을 속이고 있다"는 생각이 그녀를 괴롭혔다. 특히 전문적인 회의나 회사 행사에서 불안이 심해졌고, 그녀는 이 불안을 자신의 무능함에 대한 증거로 해석했다.

치료 과정을 통해 루피타는 자신의 불안이 주로 시끄럽고 공격적으로 보이는 남자 직원들 앞에서 커진다는 사실을 알아차렸다. 그리고 그 트리거가 어릴 적 알코올 중독이었던 아버지의 행동과 연결되어 있다는 것도 깨달았다. 그녀는 "그럼 제 편도체는 아직 다섯 살인가요?"라고 물었다. 어느 정도는 맞는 말이었다. 편도체는 시끄러운 남자들 곁에서도 안전하다는 경험을 한 적이 없었기 때문이다.

편도체를 가르치기 위해 그녀에게 필요했던 것은 도망치지 않고 시끄러운 남자들과 함께 있으면서 아무 부정적인 일이 일어나지 않는 경험을 반복하는 노출이었다. 따라서 ERP는 막연히 두려움을 줄이려는 시도가 아니라 자신에게 중요한 목표를 선택하는 것에서 출발해야 한다.

목표를 정하고 그 목표를 방해하는 트리거를 찾아내면 ERP를 통해 편도체의 반응 방식을 바꿔 삶을 다시 앞으로 움직이게 할 수 있다.

"노출은 불안을 없애는 기술이 아니다. 불안을 견디며 삶을 회복하는 기술이다."

무엇이 본능의 비상벨을 누르는가
: 목표와 트리거의 구분

이제 강박 장애로 인해 가로막힌 목표와 그 목표를 이루는 데 방해가 되는 트리거를 구분해 보자. 다음 단계를 차례로 따라가면 도움이 된다.

1. 먼저 관계, 일, 여가 등 삶의 여러 차원을 살펴보고 각 영역에서 성취하고 싶은 목표가 있는지 생각해 보라.

2. 그런 다음 목표별로 구체적으로 이루고 싶은 내용을 적는다. 예를 들어 "위원회 보고서를 제시간에 마치고 싶다"처럼 명확하게 적는 것이 좋다.

3. 마지막으로 그 목표를 방해하는 트리거를 찾아 적는다. 이 경우에는 정확하지 않아 보이는 문장이 트리거가 될 수 있다.

트리거를 찾을 때 반드시 기억해야 할 점 ●

중요한 목표와 함께 편도체 때문에 발생해 그 목표를 이루는 능력을 방해하는 트리거를 찾았는가? 그렇다면 ERP 과정을 통해 의도적으로 트리거에 노출함으로써 편도체가 새로운 연결을 만들도록 학습시킬 수 있다.

ERP를 계획할 때 트리거를 정확히 찾는 일은 매우 중요하다. 여기서 핵심은 편도체를 활성화하는 상황, 물체, 감각을 구체적으로 발견하는 것이다. 그러나 처음부터 왜 이것이 트리거가 되었는지를 알아낼 필요는 없다.

노출을 통해 트리거를 정확히 찾아내고, 부정적인 사건 없이 그 트리거에 편도체를 반복적으로 노출하기만 해도 편도체의 반응은 줄어들 수 있다. 즉, 편도체가 어떻게 두려워하게 되었는지를 명확히 몰라도 학습은 가능하다.

다만 중요한 점이 하나 있다. 상황 전체가 아니라, 그 상황 안에서 정확히 어떤 요소가 편도체를 움직이는지는 반드시 구분해야 한다. 예를 들어 기업 행사에서 힘들어하던 루피타의 경우, 문제는 행사 자체가 아니었다. 그녀의 트리거는 시끄러운 남자들이었다. 이처럼 무엇이 정확히 트리거를 당기는지 분리해내는 작업이 필요하다.

ERP의 핵심 : 트리거를 견디는 경험　●

ERP에서 가장 중요한 것은 트리거 상황을 견디는 것이다. 이때는 방어 반응뿐 아니라 그에 따라 나타나는 두려움, 불안 같은 감정도 함께 견뎌야 한다. 이는 매우 힘든 과정일 수 있다.

하지만 편도체의 작동 방식과 방어 반응의 성격, 그리고 두려움과 불안이 무엇을 위해 존재하는지 이해하면 이 고통은 조금 더 견딜 만해진다. 몸에서 일어나는 변화가 불편할 수는 있지만, 위험한 것은 아니라는 사실을 아는 것만으로도 큰 도움이 된다. 편도체는 무엇이 위험하고 무엇이 위험하지 않은지를 완전히 잘못 판단할 수 있다는 점을 기억하라.

가장 큰 용기는 불안과 공포를 참는 순간, 바로 그때 편도체가 다르게 반응하는 법을 배울 기회를 얻는다는 사실을 아는 데서 나온다. 그래서 우리는 내담자들이 노출을 겪는 동안 이렇게 농담처럼 말하곤 한다.

"이제 편도체의 관심을 끌었군요. 바로 우리가 원하던 상황이에요."

이는 지금까지 불안을 없애려 애써왔던 방식과는 완전히 다르다. 여기서는 불안을 줄이는 것이 목적이 아니라, 편도체에 이 트리거는 위험하지 않다는 새로운 교훈을 가르치기 위해 불안을 견디는 것이 목적이다.

노출 중 강박 사고와 걱정에 대한 주의점

노출이 진행되는 동안 강박 사고와 걱정이 심해지면, 편도체에 트리거가 위험하지 않다는 사실을 가르치기 어려워질 수 있다. 루피타의 사례가 이를 잘 보여준다.

회의에서 트리거가 당겨지면 그녀는 방어 반응과 불안을 느꼈고, 곧이어 그 불안이 무엇을 의미하는지 분석하기 시작했다. 그러다 자신이 CEO로서 유능하지 않다는 의심에 강박적으로 빠져들었다. 하지만 이런 생각은 편도체에서 나온 것이 아니다. 이는 회의 중에 발생한 편도체 기반 불안을 해석하려는 대뇌 피질에서 비롯된 것이다.

대뇌 피질이 편도체의 반응을 설명하도록 내버려두면, 대뇌 피질은 불안을 정당화할 수 있는 이유를 찾아낸다. 그 결과, 편도체가 활성화된 진짜 이유와는 전혀 상관없는 강박 사고와 걱정이 증폭된다.

루피타의 경우 편도체는 시끄럽고 공격적이었던 알코올 중독자 아버지와 연결된 감정 기억 때문에 활성화되었을 뿐이다. 내가 유능하지 않다는 생각은 대뇌 피질의 산물이며, 편도체의 반응과는 직접적인 관련이 없다.

이것이 바로 트리거를 정확히 구분하고, 편도체의 언어에 따라 해석해야 하는 이유다. 강박 사고와 걱정은 편도체 기반 불안에 반응한 대뇌 피질이 능력을 의심하고 타인의 평가를 상상하면서 만들어낸 결과다. 이렇게 불안은 강박적인 생각을 부채질한다.

더 중요한 점은, 강박적인 생각 자체가 편도체어 게는 또 다른 부정적인 경험이 된다는 사실이다. 루피타의 경우 회의는 시끄러운 남자들이라는 트리거뿐 아니라, "나는 무능하다"는 두려운 생각과도 함께 경험되었다. 그 결과 회의라는 상황은 편도체에게 더욱 부정적인 기억으로 저장되었다.

따라서 편도체가 회의의 안전함을 학습하려면, 트리거(시끄러운 남자들과 함께하는 회의)에 노출되되 그 경험이 걱정과 자기비난 같은 부정적인 생각과 연합되지 않아야 한다. 대뇌 피질에서 일어나는 이런 생각들을 다루는 문제는 매우 중요하다.

불안을 끄려던 행동이
왜 불안의 연료가 될까 : 반복 방지

ERP에서 RP는 '반응 방지(response prevention)'를 뜻한다. 이는 노출이 일어나는 동안, 불안을 줄이기 위해 습관처럼 해오던 특정한 행동을 의도적으로 하지 않는 것을 의미한다. 강박 장애를 겪는 사람들은 불안이 올라올 때마다 그것을 가라앉히는 방식으로 특정 행동을 반복해 왔다. 확인하기, 세기, 청소하기, 마음속으로 되뇌기, 타인에게 안심받기 같은 행동들이 대표적이다. 이런 강박 행동은 빠르고 강력하며, 잠시나마 불안을 줄여주기 때문에 쉽게 굳어진다.

노출 중에 이런 강박 행동을 하고 싶어지는 것은 매우 자연스럽다. 저항하기 어렵지만, 중요한 점은 통제 불가능한 것은 아니라는 사실이다. ERP에서는 노출이 진행되는 동안 강박 행동을 하지 않겠다는 데 먼저 동의해야 한다. 그 이유는 단순하다. 불안을 느낄 때마다 강박 행동으로 안도감을 얻으면, 편도체는 트리거에 대해 아무것도 새로 배우지 못한다.

편도체는 트리거를 경험하면서도 안도하지 않을 때만, 그 트리거가 실제로는 위험하지 않다는 사실을 학습한다. 반대로 강박 행동을 통해 안도감을 느끼는 순간, 편도체는 여전히 "이건 위험하니까 대응해야 해"라는 결론을 유지한다. 편도체가 새로운 기억을 만들기 위해서는 트리거가 유지되는 상태에서, 자신을 보호하려는 어떤 행동도 하지 않는 경험이 필요하다. 이 과정에서 불안과 불편함을 견디겠다는 의지가 중요해진다.

왜 피하거나 치우면 오히려 불안이 강화될까 ●

모니카에게 어지러운 집은 강력한 트리거였다. 어린 시

절 지저분한 집이 부모의 심한 다툼과 함께 경험되면서, 어지러움은 편도체에 위험 신호로 저장됐다. 그렇다면 왜 성인이 된 뒤에도 그녀의 편도체는 이 두려움을 극복하지 못했을까?

그 이유는 모니카가 어지러운 집에 충분히 노출된 적이 거의 없었기 때문이다. 불안이 올라오면 그녀는 방을 떠나거나, 즉시 청소를 하며 안도감을 얻었다. 문제는 이 과정이 반복될수록 편도체가 지저분함은 위험하고, 청소는 안전하다라는 연합을 더 강하게 학습했다는 점이다. 청소는 불안을 일시적으로 줄여줬지만, 동시에 지저분함이 위험하다는 믿음을 강화했다.

결국 모니카는 더러운 상태를 그대로 두고 아무 일도 일어나지 않는 경험을 편도체에 제공하지 못했다. 그 결과 편도체는 기존의 반응을 계속 유지했고, 불안은 사라지지 않았다. 강박 행동이 불안을 줄였다는 사실이 오히려 불안을 지속시키는 원인이 된 셈이다.

강박 행동은 꼭 트리거와 직접 관련될 필요는 없다　　　●

강박 행동이 항상 트리거와 논리적으로 연결되는 것은 아니다. 모니카의 경우 청소는 트리거인 더러움과 직접 연결돼 있었지만, 그렇지 않은 사례도 많다. 티머시는 정체된 도로에서 불안을 느끼면 자동차 번호판을 크게 읽었고, 새니스는 부모가 죽을지도 모른다는 생각이 들 때 침대 밑이나 옷장을 확인해야 안심했다.

이 행동들은 트리거와 직접적인 관련이 없어 보이지만, 공통점이 하나 있다. 불안을 줄여준다는 점이다. 사람들은 불안을 완화해 주기만 한다면, 그 행동이 논리적인지 아닌지는 중요하게 여기지 않는다. 이렇게 형성된 강박 행동은 편도체가 배워야 할 기회를 계속 차단한다.

그래서 ERP에서 반응 방지는 선택 사항이 아니라 필수 조건이다. 편도체가 새로운 연결을 만들기 위해서는 일정 시간 동안 활성화된 상태가 유지되어야 하기 때문이다. 노출 중에는 회피, 청소, 확인, 안심받기 같은 모든 강박적 대응을 중단해야 한다.

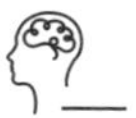

실제 사례로 확인하는
뇌 재교육의 성공 원칙 : ERP 실전

모니카는 수년간 청소 강박으로 불안을 관리해 왔지만, 셋째 아이를 출산한 뒤 상황은 더 이상 감당할 수 없는 수준에 이르렀다. 집은 점점 더 어질러졌고, 그녀는 밤중에

아기를 돌보다가 몇 시간씩 청소를 하곤 했다. 상담실에 온 모니카는 평생 이렇게 불안하고 자기 비판적인 적은 없었다고 말했다.

치료사는 불안을 없애는 것을 목표로 삼는 대신, 다시 엄마 노릇을 즐기는 것을 목표로 삼자고 제안했다. 이를 위해서는 어지러운 집이 더 이상 편도체의 경보를 울리지 않아야 했다. 그래서 ERP가 필요했다. 모니카는 어지러운 집에 노출되되, 청소하지 않고도 아무 부정적인 일이 일어나지 않는 경험을 편도체에 제공하기로 했다.

불안을 견디며 편도체를 가르치다

모니카는 2주 동안 아이들과 자신을 돌보는 데 집중하고, 청소를 최소화하라는 지시를 받았다. 집안의 무질서를 의도적으로 허용하는 것이 핵심이었다. 다만 가족의 건강과 안전을 위해 꼭 필요한 일과, 의도적으로 하지 말아야 할 일을 구분했다. 설거지와 음식 보관은 허용했지만, 청소기 사용이나 정리정돈, 밤늦게 집안일을 하는 것은 금지했다.

이 과정에서 남편의 역할도 중요했다. 치료사는 부부를 함께 만나 ERP의 목적을 설명했고, 다행히 남편은 지저분한 집을 받아들일 수 있었으며 계획을 적극적으로 지지했다. 만약 남편이 부정적인 반응을 보였다면, 그것 자체가 어지러운 집과 부정적 경험을 연합시켜 노출 효과를 망칠 수 있었다.

처음 며칠 동안 모니카의 불안은 매우 컸다. 특히 밤에 설거지를 하지 않고 잠자리에 드는 것이 가장 어려웠다. 하지만 그녀는 좋은 엄마가 되기 위해서는 잠이 더 중요하다는 점을 스스로 상기했고, 불안이 생각보다 빠르게 가라앉는 경험을 했다. 그녀는 일부러 이렇게 생각했다.

"편도체는 내가 설거지하길 바라지만, 나는 하지 않을 거야."

일주일이 지나자 불안은 눈에 띄게 줄었고, 2주가 지나자 집은 여전히 어질러져 있었지만 불안은 훨씬 덜했다. 모니카는 편도체가 중요한 교훈을 배웠고, 자신도 삶의 우선순위를 다시 세울 수 있었다고 느꼈다.

ERP의 목표는 강박 행동을 없애는 데 있지 않다. 불안을 만들어내는 근원, 즉 편도체의 학습을 바꾸는 데 있다. 편도체는 새로운 경험을 통해 잘 배우지만, 우리는 종종 회피와 강박 행동으로 그 기회를 차단한다. ERP는 쉽지 않다. 그러나 불안을 관리하는 삶이 아니라, 불안에 휘둘리지 않는 삶을 가능하게 한다.

불안을 회피하는 '강박 행동'을 멈추고 안전하다는 사실을 새로 가르쳐라.

9장은 강박 장애 치료의 핵심인 노출과 반응 방지(ERP)를 뇌과학적으로 풀이한다.

◎ **불안과 함께 머물기** : 불안한 상황을 피하지 않고 견뎌낼 때, 편도체는 비로소 이 상황이 죽을 만큼 위험하지 않음을 학습한다.

◎ **강박 행동이라는 보상 거부** : 확인이나 청소 같은 행동은 일시적 안도감을 주어 불안 회로를 강화한다. 이 행동을 멈춰야만 뇌의 잘못된 연결이 끊어진다.

◎ **습관화의 원리** : 반복된 노출은 뇌를 무디게 만든다. 결국 그 상황은 더 이상 특별한 뉴스가 되지 않는다.

▶▶ **본능의 뇌를 길들였다면 이제 지성의 영역으로 올라갈 차례다. 10장에서는 끊임없이 부정적 생각을 만들어내는 대뇌피질의 시끄러운 입을 막는 전략을 알아본다.**

3부　마음 관리

마지막 단계에서는 본능을 다스린 힘을 바탕으로 우리를 가둔 '생각의 감옥' 문을 연다. 침투하는 생각과 거리를 두며 마음의 채널을 스스로 선택하는 기술을 먼저 익히고(10장), 완벽과 확신을 요구하는 대뇌피질 특유의 고집스러운 논리를 파헤쳐 뇌의 과부하를 멈춘다(11장). 이 모든 과정을 통합하여 마침내 불안의 그늘에서 벗어나 자유로운 삶의 주인으로 거듭나는 순간을 맞이하며 여정을 마무리한다.

반복되는 생각을 어떻게 끊을까?

: 대뇌피질 관리하기

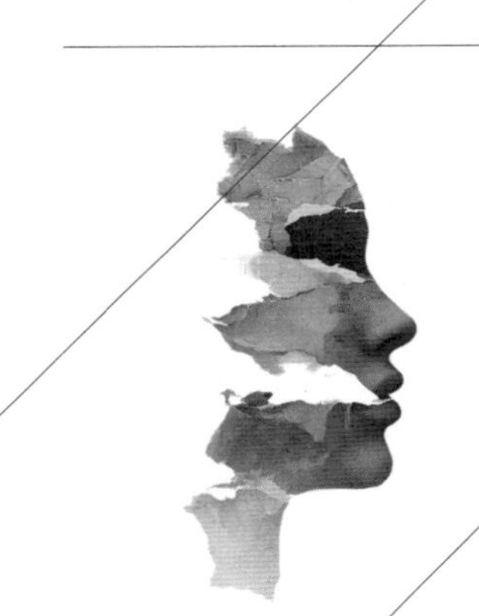

REWIRE YOUR BRAIN

10장

침투하는 생각을 구름처럼 가만히 바라보라

: 강박 사고 관리

강박 사고가 생각, 이미지, 충동 중 어떤 형태로 나타나든 공통된 문제는 반복성이다. 이 사고들은 우리의 삶에 끼어들어 더 가치 있게 쓸 수 있는 시간과 에너지를 잠식한다. 단지 불안을 만들어 고통을 주는 데서 그치지 않고, 강박 행동을 촉발하거나 특정 상황을 회피하게 만든다.

대부분의 사람들은 이런 강박 사고를 멈추거나 통제하고 싶어 하지만, 뜻대로 되지 않는 경험을 반복한다. 이 장의 목표는 강박 사고를 없애는 법이 아니라, 관리하는 가장 효과적인 방식을 이해하는 데 있다.

대뇌 피질의 회로는 단순한 원칙을 따른다.

"가장 바쁜 자가 살아남는다."

자주 사용하는 회로는 점점 강해지고 사용하지 않는 회로는 약해진다. 즉, 강박 사고는 생각하면 할수록 분석하고 논의할수록 더 단단해진다는 뜻이다.

하지만 여기서 매우 중요한 오해를 바로잡아야 한다. 강박 사고를 사용하지 말라고 조언한다고 해서, 그 생각 자체가 위험하다는 뜻은 아니다. 강박 사고는 위험하지 않다. 치료사들은 내담자의 강박 사고를 두려워하지 않는다. 우리 역시 비슷한 생각을 한다. 문제는 그 생각이 사실이어서가 아니라, 그것을 위험한 것처럼 다루는 방식에 있다.

이 장에서 꼭 기억해야 할 핵심 문장은 이것이다.

"생각을 위험한 것처럼 대하지 말라."

생각은 사건이 아니다

강박 사고가 위험하지 않다는 것을 편도체가 배우도록 돕기 위해, 때로는 그 생각을 피하기보다 정면으로 마주하고 다른 사람과 자세히 이야기하는 과정이 필요하다. 이는 감정 처리 과정으로, 노출과 유사한 역할을 한다. 이런 경험을 통해 편도체는 해당 생각이 위험하지 않다는 사실을 학습한다.

동시에 대뇌 피질 역시 중요한 메시지를 받는다. 아버지가 돌아가시는 생각을 하거나, 반 친구가 나를 놀리는 장면을 떠올린다고 해서 실제로 그런 일이 벌어지지는 않는

다. 설령 불안이 올라오더라도, 우리는 그 감정을 감당할
수 있다. 생각을 했다고 현실이 바뀐다면, 우리는 모두 복
권에 당첨되는 생각만 하며 살아야 할 것이다.

생각은 사건을 만들어내지 않는다. 강박 사고가 '그저 생
각일 뿐'이라는 사실을 이해하는 사람과 함께 그 생각을
이야기하고, 불안이 가라앉을 때까지 그 생각을 견디는 경
험을 반복하면 변화가 일어난다. 대뇌 피질과 편도체는 점
차 그 생각에 다르게 반응하기 시작한다. 이전처럼 자동적
으로 위협 신호를 보내지 않고, 생각을 하나의 정신적 사
건으로 처리하는 법을 배운다.

머릿속 생각과 나 자신 사이에 거리를 두는 법 : 인지적 탈융합

강박 사고 탈융합이란 머릿속에 떠오른 생각 — 그것이
아이디어이든, 상상이든, 충동이든 — 을 현실을 반영하는
사실처럼 대하지 않는 태도를 말한다. 우리는 흔히 생각이
곧 의미이거나 메시지라고 착각하지만, 실제로는 머릿속을
스쳐 가는 수많은 생각 중 상당수가 그저 잡음에 가깝다.

침투적 사고는 강박 장애가 있는 사람에게만 나타나는

226

현상이 아니다. 연구에 따르면 전체 인구의 80~90퍼센트
가 원치 않는 불쾌한 생각을 경험한다(Radomsky et al 2014).
자살하거나 남을 해치는 장면 같은 극단적인 생각도 많은
사람의 머릿속에 불쑥 떠오른다. 하지만 대부분의 사람은
이렇게 반응한다.

'이상한 생각이네.'

그리고 그 생각을 흘려보낸 채 다른 일을 한다.

강박 사고는 관심을 먹고 자란다

강박 장애가 있는 사람들은 여기서 다른 선택을 한다.
떠오른 생각을 붙잡고, 의미를 분석하고, 왜 이런 생각이
드는지 파고든다. 그 결과 생각은 점점 힘을 얻고 강박 사
고로 굳어진다. 그래서 치료사들은 이렇게 말하곤 한다.

"그런 괴로운 생각은 그렇게 많은 관심을 받을 자격이
없어요."

침투적 사고에 과도한 주의를 기울이면 그것은 강박 사
고로 성장한다. 생각을 탈융합한다는 것은, 그 생각이 그
저 생각일 뿐임을 알아차리고 더 이상의 관심으로 강화하
지 않는 것이다. 이미 오랜 시간 관심을 받아 강박 사고가
된 경우라면 회복의 길이 멀게 느껴질 수 있다. 하지만 방
향은 분명하다. 내용에 휘말리지 말라.

강박 사고의 주제가 무엇인지는 중요하지 않다. 거절당할 가능성, 성적인 생각, 치명적인 질병, 오염, 실수에 대한 두려움 등 내용은 다르지만, 인지 행동 치료에서의 대응은 동일하다.

모두 그저 생각일 뿐이다. 문제는 생각의 내용이 아니라, 그 생각에 사로잡혀 그것을 반드시 해결해야 할 문제처럼 다루고 있다는 점이다. 당신이 어떤 생각을 하고 있는지는 중요하지 않다. 중요한 것은 그 생각이 당신의 주의를 독점하고 있고, 깊이 파고들어야 한다고 느끼고 있다는 사실이다.

"강박 사고는 관심을 받지 못하고 굶주릴 때 약해진다."

강박 사고를 멈추려는 시도의 한계 ●

강박 사고를 멈추라고 설득하는 일은, 방 안을 기어 다니는 거미를 뚫어지게 바라보는 사람에게 "딴 데 좀 봐요"라고 말하는 것과 비슷하다. 그만큼 어렵다.

해나는 반복 검사 결과 감염되지 않았다는 걸 알면서도, 성병에 걸리지 않았는지 계속 확인하려 했다. 치료사는 상담실에 크고 무섭게 생긴 플라스틱 거미를 가져와 보여준 뒤, 바닥 구석에 내려놓았다. 그리고 의자에 앉아 해나를 바라보았다.

"왜 거미를 안 보세요?"

"진짜 거미가 아니잖아요."

그때 치료사는 말했다.

"당신이 계속 걱정하는 성병 생각도 마찬가지예요."

이 비유를 통해 해나는 중요한 사실을 깨달았다. 플라스틱 거미가 진짜 거미가 아닌 것처럼, 성병에 대한 생각도 현실이 아니라는 점이었다.

'생각이 곧 현실이 된다'는 뇌가 파놓은 함정 : 사고-행동 융합

'사고-행동 융합'이란 어떤 생각이나 이미지를 떠올리면, 그에 맞는 행동을 하게 될 가능성이 높아진다고 믿는 경향이다.

아이작은 수영장에서 여동생과 함께 있는 친구 내털리를 보고 "귀엽다, 크면 매력적이겠다"는 생각이 스쳤다. 그 순간 그는 이 생각이 곧 부적절한 행동으로 이어질 수 있다는 신호라고 해석했고, 자신이 위험한 사람일지도 모른다는 공포에 빠졌다. 하지만 그는 성적으로 흥분하지도 않았고, 행동으로 옮기고 싶다고 느끼지도 않았다.

아이작의 불안은 행동 가능성 때문이 아니라, 상상 속 장면을 위험으로 해석한 편도체의 반응에서 비롯됐다. 그 생각은 그를 위협한 것이 아니라, 오히려 그에게 고통을 주는 침투적 사고였다.

인지적 융합과 사고-행동 융합만으로 강박 사고가 생기는 것은 아니다. 개인이 가진 전반적인 신념—완벽주의, 파국화, 확실성에 대한 과도한 요구—이 침투적 사고를 문제적 사고로 키우는 토양이 된다(Fergus and Wu 2010). 강박 사고는 생각의 종류가 아니라 생각을 대하는 태도에서 자란다.

생각을 없애려 하지 말고
주의의 채널을 돌려라 : 주의력 전환

강박 장애와 싸울 때 유리한 뇌의 특성이 하나 있다. 우리는 동시에 많은 일을 처리할 수는 있어도, 한 번에 한 가지에만 집중할 수 있다는 점이다. 운전하면서 문자를 보내면 위험한 이유도 여기에 있다. 운전과 문자에 동시에 집중하는 것이 아니라, 주의를 이쪽저쪽으로 빠르게 옮길 뿐이기 때문이다.

이 사실은 강박 장애가 있는 사람에게는 축복이다. 강박 사고를 완전히 없앨 수는 없지만, 그 생각에 대한 집중을 끊을 수는 있기 때문이다. 다만 방법은 억누르기가 아니라 대체다. 다른 것에 주의를 두면, 뇌는 동시에 강박 사고에 집중할 수 없다.

강박 사고 채널에서 벗어나기

우리 뇌는 텔레비전처럼 꺼버릴 수 없다. 가장 효과적인 방법은 채널을 바꾸는 것이다. 강박 사고와만 관련이 없다면 무엇이든 괜찮다. 개와 놀기, 뉴스 보기, 생활비 정리하기, 여행 계획 세우기, 친구에게 전화하기 같은 일들이 모두 가능한 대안이다.

중요한 점은 강박 사고 채널을 계속 보면서 그 생각을 없애겠다고 싸우지 않는 것이다. 그 자체가 이미 강박 사고에 집중하는 일이기 때문이다. 강박 사고에 주의를 두는 한, 통제권은 여전히 강박 장애에 있다. 완전히 다른 채널로 옮겨야 한다. 텔레비전 채널이 수백 개라면, 당신의 뇌에는 과연 몇 개의 채널이 있을까?

이미 배웠듯이, 함께 점화되는 뉴런은 함께 연결된다. 무엇이 강박 사고를 유지하는지 이해했다면, 이제 무엇을 해야 하는지도 보일 것이다. 생각의 내용을 바꾸는 것이 아니라, 주의를 두는 대상을 바꾸는 것이 회로를 바꾸는 길이다.

강박 사고를 점진적으로 제한하는 방법　　　　●

때로는 점진적인 접근이 도움이 된다. 하루 중 일정 시간을 강박 사고 해방 시간으로 정해, 그 시간 동안은 강박 사고에 빠지지 않겠다고 계획하는 것이다. 이렇게 하면 모든 강박 사고를 당장 포기해야 한다는 부담 없이, 사고의 범위를 제한할 수 있다.

숀다는 직장에서는 강박 사고에 빠지지 않는다는 사실을 발견했다. 일이 너무 바빠 그럴 여지가 없었기 때문이다. 대신 아침과 퇴근 후에 강박 사고가 몰려왔다. 그녀는 퇴근 후 저녁을 먹기 전까지는 강박 사고를 하지 않기로 정했고, 이후 그 시간을 저녁 8시, 9시로 점점 늘려 갔다. 자신감이 붙자 그녀는 이렇게 말했다.

"밤에 넷플릭스를 보면서 강박 사고를 내려놓으면 어떨

까요?”

이 질문은 치료사의 미소와 함께 즉각적인 동의를 얻었다. 당신도 이렇게 강박 사고가 끼어들지 못하는 시간을 조금씩 확장해 나갈 수 있다.

내 삶의 주도권을 회복하는
뇌 과학적 메커니즘 : 마음챙김의 본질

불안을 견디는 용기

강박 사고를 멈추는 데 가장 어려운 점은, 강박적인 사고나 정신적 행동을 하지 않은 채 불안을 견뎌야 한다는 사실이다. 불안과 실제 위험을 구분하는 법을 배우면 이 과정이 조금 쉬워진다. 불안하다고 해서 위험한 것은 아니다. 그것은 종종 가짜 경보에 가깝다.

수술 후 회복 과정에서 의사들은 통증이 있어도 걷는 것이 회복에 필요하다고 말한다. 아프다고 해서 걷는 것이 해로운 건 아니기 때문이다. 마찬가지로, 위험이 없더라도 불안을 견디는 일은 매우 어렵지만 당신을 해치지는 않는다.

진정한 용기는 불안을 느끼지 않는 것이 아니라, 불안하더라도 특정한 방식으로 대응하는 능력이다. 불안을 무릅쓰고 다른 일에 집중하는 일은 쉽지 않다. 하지만 그것이야말로 강박 장애에 빼앗긴 통제권을 되찾는 길이다.

마음 챙김이란 무엇인가

마음 챙김은 인지 행동 치료에 통합된 기법으로, 우울증이나 강박 장애처럼 불안을 바탕으로 한 여러 문제를 치료하는 데 활용된다(Hayes, Follette, and Linehan 2004). 핵심은 그 순간 내면과 외부에서 일어나는 경험을 바꾸거나 판단하려 하지 않고 있는 그대로 알아차리는 것이다(Orsillo et al. 2004).

방 안의 소리를 듣거나, 초콜릿의 맛을 음미하거나, 콧구멍을 드나드는 호흡을 느끼는 것처럼 아주 단순한 경험도 마음 챙김이 될 수 있다. 때로는 특정 자극에 반응해 올라오는 불안감처럼 복잡한 경험에 주의를 기울이는 것도 포함된다.

마음 챙김은 타고나는 능력이 아니라 연습을 통해 기르는 기술이다. 의도적으로 주의를 두고 싶은 곳에 집중하는 훈련을 반복하면서, 이전에는 지나쳤던 경험의 측면을 호기심을 가지고 관찰하는 법을 배운다.

주의력을 선택하는 힘, 뇌의 채널을 바꾸는 기술 ●

마음 챙김에서 가장 중요한 능력은 무엇에 집중할지를 스스로 선택하고 주의를 유지하는 힘이다. 이는 대뇌 피질에서 채널을 바꾸는 개념과 닮아 있다. 마음 챙김은 내가 선택한 대상에 뇌가 머무르는 능력을 강화해, 강박 사고에서 다른 채널로 더 효과적으로 전환할 수 있게 돕는다.

연구에 따르면 8주간 마음 챙김 훈련을 하면 전대상피질과 전전두피질 같은 뇌 부위가 두꺼워지는데, 이는 주의력과 감정 처리, 실수 감지에 관여하는 영역이다. 이 부위들은 강박 장애와도 밀접한 관련이 있다.

마음 챙김을 꾸준히 연습하면 강박 사고를 다른 생각으로 대체하는 능력이 길러지고, 그 결과 강박 사고를 지탱하던 회로는 약해질 수 있다. 동시에 휴식 상태에서 편도체 활동이 감소한다는 연구 결과도 보고된 바 있다.

생각과 거리를 두는 법 ●

마음 챙김을 연습하다 보면 감정과 신체 반응을 판단 없이 관찰하는 단계로 나아가게 된다. 감정은 오래 고정된 채 머물지 않고, 관찰하는 동안 스스로 변화한다는 사실도 체감하게 된다. 그 과정에서 생각을 현실이나 행동과 동일시하지 않고, 그저 생각으로 바라보는 거리감이 생긴다.

이를테면 생각을 복잡한 도로 위를 오가는 차에 비유할 수 있다. 인도에 서서 차를 바라보는 것은 안전하지만, 차도로 뛰어드는 순간 휘말리게 된다. 마음 챙김은 강박 사고의 한가운데로 들어가는 대신, 그 생각을 관찰하는 위치에 서도록 도와준다.

마음 챙김은 근육을 단련하는 것과 비슷하다. 연습할수록 집중력은 강해지지만, 한 번도 흐트러지지 않는 상태를 기대할 필요는 없다. 집중이 흐트러지는 것은 정상이며, 중요한 것은 다시 바라보고 싶은 대상으로 돌아오는 것이다. 다섯 번 산만해지면 다섯 번 다시 집중하면 된다. 그 자체가 훈련이다.

문제는 집중이 흐트러지는 것이 아니라, 다시 돌아오려는 노력을 포기하는 데 있다. 마음 챙김은 통제하려는 기술이 아니라, 선택하고 돌아오는 능력을 기르는 연습이다.

생각과 거리를 두는 '마음챙김'으로 내 주의력의 주도권을 회복하라.

10장은 대뇌피질이 쏟아내는 침투적 사고에 휘둘리지 않고 주도권을 유지하는 방법을 제시한다.

◎ **생각과 거리 두기** : 떠오르는 생각은 뇌의 부산물일 뿐 나 자체가 아니다. "나는 지금 ~라는 생각을 하고 있다"라고 한 발짝 물러나 관찰하라.

◎ **주의 전환의 힘** : 뇌는 한 번에 한 곳에만 에너지를 쓴다. 강박 사고가 시작될 때 오감을 자극하는 다른 활동에 몰입하면 불안 회로로 가는 전원을 차단할 수 있다.

◎ **사고 억제의 역설** : 생각을 안 하려고 애쓰면 뇌는 그 생각에 더 집중한다. 차라리 그 생각을 방치하고 하던 일을 계속하는 것이 승리의 길이다.

▶▶ **이제 마지막 단계다. 11장에서는 완벽주의와 죄책감 등 대뇌피질의 고차원적인 오류를 바로잡고 마음의 평화를 정착시킨다.**

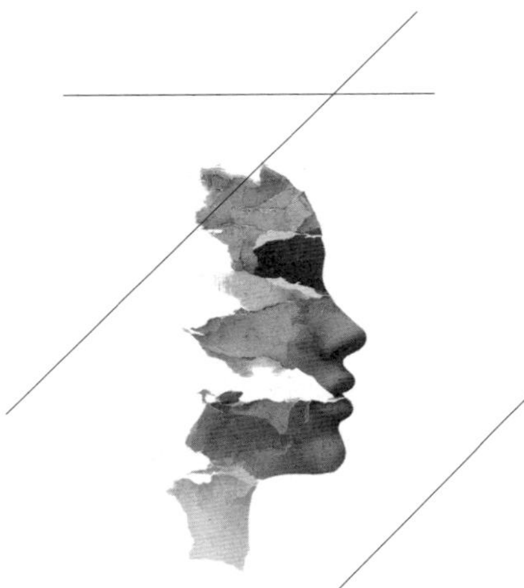

REWIRE YOUR BRAIN

11장

불확실함을 견디는 힘이 뇌를 진정시킨다

: 대뇌피질 진정시키기

우리는 이미 불필요한 불안과 방어 반응을 만들어내는 데 대뇌 피질이 얼마나 큰 영향을 미치는지 살펴보았다. 이 장에서는 그러한 과정이 반복되지 않도록, 대뇌 피질을 진정시키는 구체적인 방법들을 다룬다.

편도체가 먼저 반응하지 않더라도, 대뇌 피질은 생각·이미지·감정을 만들어 편도체를 활성화할 수 있다. 우리는 이를 대뇌 피질 기반 불안이라고 부른다. 대뇌 피질은 직접 방어 반응을 만들어내지는 않지만, 그 안에서 일어나는 해석과 판단은 편도체의 반응을 충분히 촉진할 수 있다.

따라서 대뇌 피질 기반 불안의 원리를 이해하면, 편도체가 만들어내는 불안을 줄이기 위한 도구를 더 많이 얻게 된다. 이는 불안을 낮추는 데 그치지 않고, 강박적인 생각을 관리하는 데에도 중요한 도움이 된다.

생각을 바꾸는 것이 어떻게 뇌를 물리적으로 바꾸나 : 인지 재구성

아론 벡(1976)과 앨버트 엘리스(Ellis and Doyle 2016)로 대표되는 인지 행동 이론가들은, 어떤 생각이나 인식이 비논리적이고 비건강한 방식으로 굳어질 경우 문제 행동이나 과도한 감정 반응을 만들어낼 수 있다고 보았다. 인지 행동 치료는 이러한 자멸적이고 역기능적인 생각을 식별하고 수정하는 데 초점을 맞추며, 이 과정을 '인지 재구성'(cognitive restructuring)이라 부른다.

생각을 바꾸려는 시도는 곧 대뇌 피질을 조정하려는 시도이기도 하다. 우리의 생각은 뇌에서 일어나는 신경학적·화학적 과정의 결과이면서 동시에 그 자체로 하나의 뇌 과정이다. 인지 재구성을 통해 우리는 특정 회로를 반복적으로 활성화해 강화하고, 불필요한 회로는 점차 약화시키며 뇌를 재배선하게 된다.

편도체를 직접 바꾸기보다 대뇌 피질부터 다루기　●

대뇌 피질의 생각과 신념을 바꾸는 일은 쉽지 않다. 하지만 편도체가 만들어내는 자동적인 방어 반응을 직접 바꾸는 것보다는 훨씬 현실적인 접근이다. 편도체의 과잉 반응을 예방하기 위해 대뇌 피질에서 할 수 있는 일은 모두 의미가 있다.

대뇌 피질의 사고 방식과 편도체 활성화 사이의 관계를 이해하면, 불안을 줄이기 위해 생각을 바꾸려는 동기도 분명해진다. 이런 노력은 일시적인 위로가 아니라 지속적인 변화를 가져올 수 있다. 생각이 달라지면 대뇌 피질의 대응 패턴 자체가 달라지고, 그 결과 불안의 강도 역시 낮아진다.

호세는 모든 일을 완벽하게 해내야 한다는 기대를 내려 놓자 직장에서 느끼는 불안이 크게 줄었다. 도움을 요청하는 것도 한결 쉬워졌고, 다른 사람들 역시 그가 항상 완벽할 필요는 없다는 점을 자연스럽게 받아들인다는 사실을 알게 되었다. 직장 내 불안이 낮아진 것은 능력이 달라져서가 아니라, 자신을 대하는 생각이 달라졌기 때문이었다.

해석 바꾸기: 불안을 키우는 것은 상황이 아니라 해석이다　　●

때로는 대뇌 피질이 상황을 해석하고, 바로 그 해석이 편도체를 활성화한다. 다시 말해, 편도체가 반응한 이유는 상황 그 자체가 아니라 상황을 바라보는 방식일 수 있다. 대뇌 피질이 편도체를 불필요하게 자극하지 않기를 바란다면, 우리가 손댈 수 있는 지점은 바로 이 '해석'이다.

조앤은 오후에 예정에 없던 회의가 열린다는 말을 들으면 곧바로 기억을 더듬으며 자신이 무언가 잘못한 것은 아닌지 떠올린다. 회의에서 질책을 받거나 심지어 해고될지도 모른다는 생각이 이어지고, 회의 시간이 다가올수록 불안은 커진다.

하지만 같은 사무실에서 일하는 다른 직원들은 예정에 없던 회의가 열린다고 해서 해고를 떠올리거나 심각한 불안에 빠지지 않는다. 여기서 중요한 점은 예정이 없던 회의 자체가 아니라, 그 회의에 대한 조앤의 해석이 불안을 만들어냈다는 사실이다.

조앤이 회의의 목적에 대해 근거 없는 결론으로 성급히 도약하지 않고, 해석의 폭을 넓게 유지했다면 하루 종일 불안에 시달리지는 않았을 것이다.

강박 장애와 걱정을 사서 하는 해석　　　　　●

강박 장애가 있는 사람에게는 상황보다 상황에 대한 해석이 편도체를 활성화하는 경우가 특히 많다는 사실을 인식하는 것이 중요하다. 자신이 어떤 방식으로 상황을 해석하고 있는지를 관찰하고, 근거 없는 결론으로 걱정을 앞당겨 끌어오지 않으려는 태도는 편도체 활성화를 줄이는 데 큰 도움이 된다.

왜 아직 일어나지 않았고, 어쩌면 절대 일어나지 않을 문제로 이렇게 고통받고 있는가? 만약 스스로가 불필요하게 편도체를 자극하는 해석을 반복하고 있다면, 그 해석을 다른 방식으로 대체해볼 수 있다.

"다른 해석을 모두 배제할 만한 정확한 이유와 충분한 증거가 나타나기 전까지는, 특정한 해석을 확정하지 말라."

타인의 마음을 읽으려는 함정　　　　　　　　　●

문제가 되는 해석 중 가장 흔한 것은 다른 사람의 생각을 짐작하는 것이다. 이는 문자 메시지 중심의 소통이 익숙한 시대에 더욱 자주 나타난다. 우리는 문자만으로 상대의 감정이나 의도를 정확히 파악하기 어렵다. 이모티콘이 붙어 있어도 마찬가지다.

니코는 언니에게 생일 선물을 줄 거냐고 문자를 보냈고, 언니는 "당연히 줄 거지"라고 답했다. 그 짧은 답장을 보고 니코는 언니가 화가 난 것은 아닐지, 자신을 오지랖 넓거나 바보 같은 질문을 한 사람으로 생각하는 건 아닐지 걱정하기 시작했다. 결국 그녀는 그날 더 이상 문자를 보내지 못할 만큼 불안해졌다.

이처럼 우리는 실제 근거가 없음에도, 다른 사람들이 우리를 어떻게 보고 있을지 추측하며 쉽게 불안에 빠진다. 강박 사고는 종종 다른 사람의 머릿속에서 무슨 일이 벌어지고 있는지를 읽으려는 시도로 나타난다. 하지만 이런 해석은 불안뿐 아니라 오해까지 키울 수 있다.

마지막으로 이 말을 기억해두자.

"*ASSUME*(추측)은 *ASS*(바보) + *U*(너) + *ME*(나)를 만든다."

추측은 우리 모두를 불필요한 불안 속으로 끌어들일 뿐이다.

완벽주의와 과도한 책임감이 나를 옥죄는 방식 : 자멸적 신념

이번 단락에서는 대뇌 피질에서 생성되는 생각 가운데, 특히 편도체를 자주 활성화하는 대표적인 유형들을 살펴본다. 어떤 사람들은 이런 생각을 '자멸적 신념'이라고 부른다. 이 신념들은 불안을 불러오고, 삶의 경험 전반을 무겁게 압박한다. 더 문제는 이런 생각이 믿을수록 힘을 얻고, 그 결과 편도체가 마치 실제 위험에 처한 것처럼 반응하게 만든다는 점이다.

아래에 소개하는 자멸적 신념 가운데 별표(*)가 붙은 항목은, 강박 사고를 키우는 것으로 밝혀진 생각들이다 (Fergus and Wu 2010). 침투적 사고가 이런 신념 중 하나와 결합하면, 그 생각은 단순한 잡음으로 넘기기 어려워지고 점점 더 중요해 보이기 때문이다. 이런 신념을 받아들일수록 침투적 사고는 의미를 부여받고, 강박 사고로 발전할 가능성도 높아진다.

자신이 이런 생각을 자주 하는지, 혹은 이런 신념을 고수하고 있는지 돌아보라. 여기에 의문을 제기해야 할 이유는 분명하다. 첫째, 이런 생각은 대뇌 피질에서 출발해 편도체를 활성화하며 불안을 키운다. 둘째, 강박 사고를 증폭시킨다. 이 신념들에 도전하고 다른 생각으로 대체하기 시작하면, 불안과 강박 사고가 줄어드는 변화를 경험할 수 있을 것이다.

*** 완벽주의 : 높은 기준이 불안을 만들 때**　　　　　●

자신이나 타인에게 완벽주의적 기대를 품고 있으면, 그

자체로 대뇌 피질은 불안을 만들어낼 수 있다. 비현실적으로 높은 기준을 세우는 순간, 불안은 거의 필연적으로 따라온다. 누구도 완벽할 수 없기 때문에, 기준이 높다는 것은 결국 좌절과 실망을 예약해 두는 일이 되기 쉽다.

완벽주의는 종종 부모로부터 배운다. 부모는 좋은 의도로 "언제나 최선을 다하라"고 말하지만, 이 말이 아이에게는 실현 불가능한 기대가 될 수 있다. 우리는 매 순간 최고일 수 없다. 최고의 아침을 먹고, 완벽하게 침대를 정리하고, 가장 멋지게 옷을 입고, 이를 완벽히 닦는 삶을 산다면 정오도 되기 전에 지쳐버릴 것이다. 아이에게 기대하지 말라는 뜻이 아니다. 다만 현실적이지 않은 기대를 심어주지 않도록 조심해야 한다는 뜻이다. 누구도 모든 일을 잘할 수는 없다.

물론 완벽주의가 항상 부모에게서 비롯되는 것은 아니다. 어떤 사람들은 부모가 아무리 "완벽하지 않아도 된다"고 말해도, 어릴 때부터 스스로에게 완벽을 요구한다. 제이슨은 부모가 매우 너그럽고 합리적이었음에도, 늘 모든 일을 완벽히 해내야 한다고 믿었고 작은 실수에도 극심한 괴로움을 느꼈다고 말한다. 그는 그 원인이 부모가 아니라 자기 자신에게 있음을 나중에서야 깨달았다.

완벽주의적 기대가 합리적이라고 믿는 사람도 많다. 하지만 이런 사람들은 완벽주의가 항상 불안을 동반한다는 사실을 인식하지 못하는 경우가 많다. 완벽주의에서 비롯된 자기비판과 실망은 일상적인 불안을 지속적으로 키운다. '이 일을 끝내야 한다'와 '이 일을 오류 없이 끝내야 한다' 사이에는 커다란 차이가 있다. 자신의 기대를 들여다보면, 그 밑바탕에서 완벽주의를 발견할지도 모른다. 다행히 대뇌 피질은 더 현실적인 기준을 설정할 수 있으며, 그렇게 할 때 편도체 활성화는 줄어든다.

아래 문장을 읽고 자신에게 해당하는지 살펴보라.

☐ 나는 스스로 기준이 높고 대개 그 기준을 따르려고 한다.

☐ 대개 올바른 방식으로 일하며, 그 방식을 벗어나는 것이 힘들다.

☐ 사람들은 내가 매우 성실하고 주의 깊게 일한다고 말한다.

☐ 다른 사람들이 보고 있으면 실수할까 봐 걱정된다.

☐ 틀리면 극도로 창피하고 부끄럽다.

☐ 완전히 만족스러운 수준으로 일을 마치는 일은 거의 없다.

☐ 내가 저지른 실수를 잊기 어렵다.

☐ 스스로 엄격하지 않으면 부족한 사람인 것 같다.

파국화 : 작은 문제를 재앙으로 키우는 해석 ●

파국화는 작은 차질을 재앙처럼 받아들이는 사고 방식이다. 강박 장애가 있는 사람에게 흔히 나타나며, 강박 사고로 직접 이어지지는 않더라도 편도체를 자극해 불안을 강하게 유발한다. 파국화는 말하자면 흙 한 줌으로 산을 쌓는 일이다.

예컨대 한 가지 일이 잘못되었다는 이유로 하루 전체가 망했다고 느낀다면, 이는 대뇌 피질에 기반한 해석이며 심각한 불안으로 이어질 수 있다. 파국화는 사건의 손실과 위험을 추산하는 데 관여하는 뇌 영역인 안와전두피질 회로의 영향을 받는다(Grupe and Nitschke 2013). 이 패턴을 인식했다면, 이것이 최악은 아니다라고 스스로 상기시키며 단계적으로 줄여갈 수 있다.

☐ 머리를 스치는 어떤 생각은 정말 감당할 수 없게 느껴진다.

☐ 하나라도 더 잘못되면 못 견딜 것 같다.

☐ 피부에 점이나 혹이 보이면 암부터 떠오른다.

☐ 상황을 생각할 때 최악의 전개를 먼저 상상한다.

□ 일이 원하는 대로 흘러가지 않으면 대응하기 어렵다.

□ 다른 사람들이 대수롭지 않게 여기는 일에 과잉 반응한다.

□ 작은 차질에도 쉽게 화가 난다.

□ 한 가지 일이 잘못되면 더 큰 문제가 닥칠 것 같다.

＊개연성 잘못 보기

: 일어날 수 있음을 곧 일어남으로 착각할 때　　　　●

파국화가 문제를 실제보다 크게 보는 사고라면, 개연성 잘못 보기는 문제가 일어날 가능성을 과대평가하는 사고다. 강박 장애가 있는 사람은 부정적인 사건이 발생할 확률을 실제보다 높게 추산하는 경향이 있다(Hezel and McNally 2016). 이는 '위협 과대평가'라고도 불리며, 편도체를 더욱 쉽게 활성화한다.

강박 장애가 있는 사람은 보통 일어날 것 같은 일보다 일어날 수도 있는 일에 초점을 맞춘다. 확률이 1퍼센트든 60퍼센트든 상관없이, 가능성 자체만으로 걱정한다. 그 결과 더 많은 사건이 현실처럼 느껴지고, 더 많은 주의와 고민이 필요하다고 판단해 강박 사고로 이어질 가능성이 높아진다(Fergus and Wu 2010).

□ 몸이 조금만 불편해도 병이 아닐지 걱정한다.

□ 인생에서 잘못될 일은 주로 나에게 일어난다고 믿는다.

□ 무언가를 잃어버리면 영영 못 찾을 것 같다.

□ 세상은 기본적으로 위험한 곳이라고 느낀다.

□ 일어나지 않은 부정적인 일에 대비하느라 바쁘다.

□ 직장에서 실수하면 해고될까 봐 걱정한다.

□ 위험 요소는 반복적으로 확인하는 것이 옳다고 생각한다.

□ 약물 부작용은 드물지만 나에게는 생길 것 같다.

* 확실성 요구와 의심: 불확실성을 견디지 못할 때 ●

불확실성은 많은 사람에게 스트레스를 준다. 하지만 어떤 사람들에게는 확실하지 않다는 사실 자체가 견디기 힘든 불안이 된다. 대부분의 사람은 아침에 문을 잠갔는지 90퍼센트 정도 확신하면 충분하다고 느낀다. 그러나 의심 문제가 있는 사람에게 이 정도 확실성은 부족하다.

삶은 본질적으로 불확실하며, 우리는 매일 일어날 일을 모두 예측할 수 없다. 그럼에도 확실성을 요구하면 편도체는 반복적으로 활성화된다. 연구에 따르면 확실성을 구하려는 행동은 강박 사고를 증가시킨다(Fergus and Wu 2010).

□ 계획된 일정과 정해진 틀을 선호한다.

☐ 확실하지 않으면 다시 확인해야 할 것 같다.

☐ 결정을 내리기 전 여러 사람의 의견을 들어야 안심된다.

☐ 정확성을 위해 반복 확인이 필요하다고 느낀다.

☐ 예측할 수 없는 상황을 좋아하지 않는다.

☐ 정답이 여러 개인 질문이 불편하다.

☐ 결과를 알 수 없으면 시도하고 싶지 않다.

☐ 선택지가 많으면 압도된다.

*** 죄책감과 과도한 책임감 : '내 탓'이라는 생각의 무게**　　　　　●

죄책감은 개인적 가치나 기준을 어겼다고 느낄 때 생기며, 책임감은 발생한 일에 대해 자신이 설명하거나 감당해야 한다고 느낄 때 나타난다. 이 두 감정은 모두 엄격한 기준으로 자신을 재단하는 사고와 연결되어 있다.

죄책감과 책임감을 강하게 느끼는 사람은 편도체가 쉽게 활성화되며, 강박 사고에도 매우 취약하다. 특히 다른 사람을 해칠 수 있다는 침투적 사고가 나타날 경우, 그것이 강박 사고로 굳어질 가능성이 높다(Fergus and Wu 2010).

☐ 죄책감을 자극하면 나를 움직이게 하기는 쉽다.

☐ 누군가 화가 나 있으면 내가 원인인 것 같다.

☐ 혹시 잘못한 게 없는지 과거를 반복해서 되짚는다.

☐ 나도 모르게 다른 사람을 해칠까 봐 두렵다.

☐ 누군가를 실망시키면 한동안 나 자신을 받아들이기 어렵다.

☐ 문제가 생기면 내 책임일 것 같아 걱정된다.

☐ 누군가의 감정을 상하게 했다는 생각이 머리에서 떠나지 않는다.

☐ 본의 아니게 불쾌하게 할까 봐 말을 지나치게 조심한다.

생각과 현실 사이에 거리 두기 ●

대뇌 피질은 바쁘고 소란스러운 곳이다. 문제는 생각이 많다는 데 있지 않다. 문제는 떠오르는 생각을 지나치게 진지하게 받아들이는 데 있다. 편도체는 대뇌 피질에서 나온 생각에 실제 사건과 동일하게 반응한다. 따라서 편도체를 자극하는 생각을 인식하고, 그 생각에 머무는 시간을 줄이면 불안과 강박 증상은 크게 완화될 수 있다.

대뇌 피질은 우리가 세상을 인식하고, 과거를 떠올리며, 미래를 상상하게 해준다. 하지만 그 정보가 곧 현실이라는 뜻은 아니다. 목격자 증언이 자주 틀리는 이유도 여기에 있다. 대뇌 피질은 때로 존재하지 않는 것을 보게 하

고, 분명한 것을 놓치며, 엉터리 같은 이야기를 그럴듯하
게 포장한다. 그래서 우리는 말한다. 대뇌 피질을 그대로
믿지 말라.

생각에서 한 걸음 물러나는 능력은 불안과 강박을 줄이
는 데 결정적인 힘이 된다.

이미 활성화된 불안 회로를
힘없게 만드는 훈련 : 생각 대체하기

이 장에서 다룬 자멸적 신념들을 다시 떠올려 보자. 그
중에는 유독 고개가 끄덕여지는 믿음이 있을 것이다. 문제
는 대뇌 피질이 바로 그 믿음을 바탕으로 생각을 만들어낼
때다. 그런 생각이 떠오를 때, 그것이 마음속에서 날뛰도
록 그대로 두어서는 안 된다.

그루프와 니슈케(2013, 490)는 불안 기반 장애를 겪는 사
람의 뇌를 이렇게 설명한다.

"뛰어난 피아니스트가 매일 장시간 연습을 통해 음악적
신경 경로를 강화하듯, 불안 장애를 가진 사람은 불안의 신

경 경로를 반복적으로 강화한다."

이 말은 곧 희망이 있다는 뜻이기도 하다. 자멸적인 생각을 더 이로운 대응적 사고로 바꾸거나, 아예 다른 채널로 주의를 옮기면 대뇌 피질의 회로는 실제로 달라질 수 있다. 이것이 바로 대뇌 피질의 회로를 바꾸는 방식이다.

생각에 의심을 거는 연습 ●

인지 재구성의 핵심은 단순하다. 자멸적인 생각, 특히 편도체를 활성화하는 생각에 의심을 거는 것이다.

이 생각을 뒷받침하는 증거가 정말 있는가? 그렇지 않다면, 왜 이 생각 하나 때문에 이렇게까지 불안해하고 있는가?

대뇌 피질에서 떠오르는 생각을 바꾸는 방법은 여러 가지가 있다. 증거를 들어 반박할 수도 있고, 굳이 상대할 가치가 없다고 판단해 무시할 수도 있다. 또는 더 정확하고 현실적인 생각으로 조심스럽게 대체할 수도 있다.

특히 자신이 반복적으로 빠져드는 편도체 활성화 생각에는 각별한 주의를 기울일 필요가 있다. 몇몇 자멸적 신념은 강박 사고를 키우는 것으로 알려져 있기 때문에, 자신의 강박 사고가 어떤 신념과 연결되어 있는지 살펴보는 것만으로도 중요한 통찰을 얻을 수 있다.

자멸적 신념을 하나씩 의심하고, 대체해 나가다 보면 강박 사고의 빈도와 강도가 줄어드는 경험을 하게 될 것이다.

생각도 근육처럼 단련된다

근육과 마찬가지로 신경 회로는 사용하면 강해지고, 사용하지 않으면 약해진다. 어떤 생각을 자주 떠올리면 그 생각은 점점 힘을 얻고, 관심을 주지 않으면 서서히 약해진다.

편도체를 활성화하는 생각을 다른 생각으로 대체하면, 편도체는 이전처럼 자주 반응하지 않게 된다. 그 결과 뇌는 불안을 덜 생성하도록 재배선되고, 강박 사고와 강박 행동을 부추기던 연료 역시 줄어든다.

편도체를 활성화하는 생각을 대체하는 효과적인 방법 중 하나는 '대처 사고(coping thoughts)'를 활용하는 것이다. 대처 사고란, 한 사람의 감정 상태에 긍정적인 영향을 주고 어려운 상황에 대응할 힘을 키워주는 생각을 말한다.

어떤 생각이 좋은 생각인지 판단하는 기준은 의외로 단순하다. 그 생각이 나에게 어떤 영향을 미치는가를 보면 된다. 이런 관점에서 보면, 차분한 대응을 가능하게 하고 상황을 견딜 수 있게 도와주는 대처 사고의 가치는 분명해진다. 대처 사고는 편도체가 과도하게 활성화될 가능성도 낮춘다.

아래는 흔히 나타나는 자멸적 생각과 그것을 대체할 수 있는 대처 사고의 예다.

◎ 자멸적 생각(편도체 활성화)

• 나는 모든 일에 능숙하고 뛰어나야 해.

• 이 상황은 재앙으로 바뀔 거야.

• 나는 이 일을 감당할 수 없을 거야.

• 끔찍한 결과가 나올 가능성이 커.

• 분명히 최악의 일이 벌어질 거야.

• 무슨 일이 벌어질지 알아야겠어. 이 불확실성을 견딜 수 없어.

• 이 일이 잘 끝날지 모르겠어.

• 누군가를 해치거나 기분 나쁘게 한 것 같아.

• 확실한지 다시 확인해야 해. 내가 잘못했으면 어쩌지?

◎ 대처 사고(진정 효과)

• 누구도 완벽하지 않아. 실수해도 괜찮아.

• 아직 이유를 모를 뿐이야. 알 때까지 지나치게 걱정하지 않겠어.

• 이보다 더 어려운 일도 견뎌왔어.

- 이 생각은 나를 괴롭힐 뿐이야. 미래는 아직 정해지지 않았어.

- 강박은 늘 위험을 과장해. 오늘 하루에 집중하자.

- 불확실성을 견디는 연습이 필요해. 이게 바로 삶이니까.

- 알 수 없는 상황도 나는 감당할 수 있어. 필요하면 해결하면 돼.

- 이건 생각일 뿐이야. 증거가 없다면 붙잡지 않아도 돼.

- 욕심을 내려놓고 사는 연습을 할 기회야.

없애려 하지 말고, 바꿔라　　　　　　　　　●

물론 편도체를 활성화하는 생각을 알아차리고, 그것을 대처 사고로 바꾸는 일은 쉽지 않다. 늘 경계가 필요하고 에너지도 든다. 하지만 충분히 노력할 가치가 있다.

어떤 사람들은 대처 사고를 잊지 않기 위해 집 안 곳곳에 메모를 붙여 두기도 한다. 기회가 생길 때마다 의도적으로 대처 사고를 떠올리다 보면, 대뇌 피질은 점차 재배선되고 그 생각을 스스로 만들어내기 시작한다. 처음에는 어색하지만, 반복할수록 익숙해지고 편안해진다.

여기서 많은 사람이 좌절을 경험한다. 아무리 노력해도 부정적인 생각이 사라지지 않는 것처럼 느껴지기 때문이다. 하지만 이는 뇌의 작동 방식상 매우 자연스러운 일이다. 사용되는 회로는 약해질 수는 있어도, 한 번에 사라지지는 않는다.

연구에 따르면 생각을 억지로 없애거나 끄려는 시도는 오히려 효과가 없다(Wegner et al. 1987). 지금 "분홍 코끼리는 생각하지 마세요"라는 말을 들으면, 대부분의 사람은 바로 분홍 코끼리를 떠올릴 것이다. 생각하지 말라는 지시 자체가 그 생각을 저장하는 회로를 활성화하기 때문이다.

강박 사고 역시 마찬가지다. 생각하지 않으려고 애쓸수록, 그 생각은 더 선명해진다. 그래서 필요한 전략이 바로 대체다.

"그만!" 그리고 다음 생각 ●

어떤 생각이 떠올랐을 때 "그만!"이라고 외쳐 개입하는 기술을 '생각 멈추기(thought stopping)'라고 한다. 이 방법은 그 자체보다 그 다음 단계가 중요하다. 멈춘 뒤 반드시 다른 생각으로 대체해야 한다.

트레버는 정원에서 일하다가 식물들이 완벽하게 줄 맞춰 심어지지 않은 것을 보고 '나 실수했어'라는 생각이 떠올랐다. 편도체가 즉각 반응했고 불안이 치밀었다. 그는 속으로 "그만!"이라고 말한 뒤, 고개를 돌려 도구와 빈 통, 비료를 바라보며 생각을 옮겼다.

'정리가 필요하네. 저녁 준비도 해야겠다. 오늘 저녁은 뭘

먹지?'

생각의 초점을 다른 곳으로 옮기자, 처음 생각으로 되돌아갈 가능성은 크게 줄어들었다.

"없애지 말고, 대체하라."

우리는 두 가지 생각에 동시에 집중할 수 없다. 새로운 생각으로 초점을 옮기는 연습을 반복하면, 그 방식은 점차 습관이 된다. 대처 사고를 활용하는 일은 자멸적 생각에서 벗어나, 불안을 덜 일으키고 자신이 원하는 삶에 가까워지는 가장 현실적인 경로다.

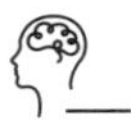 ## 받아들임을 통해 얻게 되는 진정한 평온 : 수용의 역설

그런데 사실 편도체 반응을 반드시 통제해야 할 필요는 없다. 편도체가 반응하도록 놔두되, 그 반응에 휘말리지 않는 방법도 있기 때문이다. 이때 핵심 역할을 하는 것이 마음 챙김이다.

마음 챙김은 불안을 없애려는 태도가 아니라, 호기심과 받아들임의 자세로 편도체의 반응을 관찰하는 방식이다. 이렇게 접근하면 대뇌 피질은 상황을 통제하려는 목표를 내려놓고, 불안이 일어나도록 허용한다. 그 대신 우리는 감정과 신체 반응을 한 발짝 떨어진 자리에서 경험하고 지켜본다. 실제로 마음 챙김을 실천하는 사람들의 편도체는 전반적으로 활성화 수준이 더 낮은 경향을 보인다.

생각을 없애려는 싸움에서 벗어나기

인지 재구성 기술은 생각을 조정해 편도체 활성화를 줄이는 데 효과적이지만, 여기서 다시 한 번 분명히 해야 할 점이 있다. 생각 그 자체는 위험하지 않다는 사실이다. 생각은 편도체를 자극해 방어 반응과 불안을 끌어낼 수는 있지만, 그 자체로 위협이 되지는 않는다. 이 장의 목적은 위험한 생각을 제거하는 데 있지 않다. 불필요한 편도체 활성화를 줄이고, 강박 사고와 강박 행동을 부추기는 불안 생성 과정을 약화시키는 데 있다.

우리가 하려는 일은 대뇌 피질 반응 패턴을 이해하고 그 흐름에 개입해, 뇌가 반복적으로 불안을 만들어내지 않도록 돕는 것이다. 다시 말해 대뇌 피질을 재배선해 강박 장애의 자멸적 순환을 약화시키려는 시도다.

편도체가 만들어내는 신체 반응, 예를 들어 두근거리는 심장, 떨리는 손, 근육 긴장, 공포감 등을 증상이나 위험 신호로 해석하지 않고 그대로 받아들일 때 삶에는 큰 변화가 생길 수 있다. 이런 반응은 실제 위협이 닥쳤다는 증거가 아니라, 편도체가 과민하게 작동하고 있다는 신호일 뿐이다.

인내심과 이해심, 때로는 약간의 유머를 더해 편도체의 작용을 이렇게 묘사해 볼 수도 있다.

"내 편도체는 책상이 어질러진 걸 보고도 큰일 난 줄 알고 도망치라고 신호를 보내는군."

이렇게 편도체의 작동 방식을 인식하면, 불안을 책상이나 상황 탓으로 돌리며 강박 사고에 빠질 가능성도 줄어든다. 받아들임과 대처 전략을 함께 사용하면, 강박 장애를 악화시키는 잘못된 해석과 강박적 사고를 점차 약화시킬 수 있다.

불안과 싸우지 않을 때 생기는 역설적 효과   ●

강박 장애가 주는 고통의 상당 부분은 생각과 싸우고 불안을 관리하려는 끊임없는 몸부림에서 나온다. 대뇌 피질에서 떠오르는 생각과 그에 따른 불안을 함께 받아들이면, 이 싸움에서 벗어날 수 있다.

흥미롭게도 이렇게 불안을 받아들이고 관찰할수록 불안은 우리를 통제하는 힘을 잃는다. 불안은 결국 지나간다는 사실을 알고 허용하면, 실제로 더 빨리 사그라든다. 반대로 불안을 없애려 애쓸수록 불편함은 오래 지속된다. 아이러니하게도 통제를 내려놓을 때 뇌를 더 잘 다룰 수 있게 된다.

연구에 따르면 마음 챙김이나 명상을 꾸준히 실천하는 사람들의 뇌에는 분명한 변화가 나타난다(Zeidan et al. 2013). 이들은 현재 순간의 불안을 빠르게 낮출 수 있을 뿐 아니라, 장기적으르는 불안에 더 잘 저항하는 대뇌 피질의 변화를 보인다.

신경 영상 연구를 보면, 마음 챙김에 능숙한 사람들은 편도체 반응에 대뇌 피질이 쉽게 휘말리지 않는다(Froeliger et al. 2012). 특히 마음 챙김 명상은 편도체와 직접 연결된 대뇌 피질 부위, 즉 복내측 전전두엽 피질과 전대상피질을 활성화한다. 이는 마음 챙김이 편도체 진정과 밀접한 대뇌 피질 회로를 재배선하는 데 도움을 줄 수 있음을 시사한다(Zeidan et al. 2013).

마음 챙김을 일상적으로 실천하면 대뇌 피질이 불안에 대응하는 방식 자체가 바뀐다. 이는 편도체와의 관계를 새롭게 조정해 강박 장애를 더 효과적으로 관리하도록 돕는다. 불안이나 강박 장애에 초점을 맞춘 마음 챙김 자료를 활용해 이 접근법을 직접 탐색해 볼 것을 권한다.

이 장에서는 대뇌 피질이 불안에 새롭게 대응하도록 돕는 여러 방법을 살펴보았다. 인지 재구성 기술 활용하기, 상황에 대한 해석 바꾸기, 대뇌 피질이 불안을 생성하는 방식 알아차리기, 편도체를 활성화하는 생각을 줄이거나 대체하기, 그리고 받아들임 전략으로 대뇌 피질을 진정시키는 방법까지 다루었다.

이런 방식으로 대뇌 피질을 재배선해 나간다면, 불안과 강박장애의 그 한계를 넘어 '당신이 원하는 삶'을 살아갈 수 있는 여지는 분명히 넓어질 것이다.

모든 것을 확신하려는 '완벽주의적 신념'을 버릴 때 뇌는 진정된다.

마지막 11장은 완벽주의와 죄책감 등 대뇌피질의 고차원적인 오류를 바로잡고 마음의 평화를 정착시킨다.

◎ **감정적 추론 버리기** : "불안하니까 위험한 거야"라는 논리적 오류를 경계하라. 느낌은 정보일 뿐 사실이 아님을 끊임없이 상기해야 한다.

◎ **불확실성 수용하기** : 모든 것을 확실히 알아야 한다는 강박에서 벗거나 모를 수도 있음을 받아들일 때 대뇌피질의 과부하가 멈춘다.

◎ **새로운 이야기 쓰기** : 불안의 시나리오 대신, 현재의 가치에 집중하는 새로운 뇌의 경로를 강화하라.

▶▶ 강박은 인격의 결함이 아니라 길을 잘못 든 신경 회로의 습관일 뿐이다. 편도체를 진정시키고 대뇌피질의 시나리오를 거부하는 연습을 반복할 때, 고문실 같았던 뇌는 평온한 안식처로 되돌아온다.

참고문헌

• American Psychiatric Association. 2013. *Diagnostic and Statistical Manual of Mental Disorders 5.* Washington, DC: American Psychiatric Association.(《DSM-5-TR 정신질환의 진단 및 통계 편람 - 제5판 수정판》, 권준수 외 옮김, 학지사, 2023)

• Anderson, E., and G. Shivakumar. 2013. "Effects of Exercise and Physical Activity on Anxiety." *Frontiers in Psychiatry 4:* Article 27.

• Andrzejewski, J. A., T. Greenberg, and J. M. Carlson. 2019. "Neural Correlates of Aversive Anticipation: An Activation Likelihood Estimate Meta-Analysis Across Multiple Sensory Modalities." *Cognitive, Affective, and Behavioral Neuroscience* 19: 1379-1390.

• Asan, E., M. Steinke, and K. Lesch. 2013. "Serotonergic Innervation of the Amygdala: Targets, Receptors, and Implications for Stress and Anxiety." *Histochemistry & Cell Biology* 139: 785-813.

• Baj, J., E. Sitarz, A. Forma, et al. 2020. "Alterations in the Nervous System and Gut Microbiota After B-Hemolytic Streptococcus Group A Infection— Characteristics and Diagnostic Criteria of PANDAS Recognition." *International Journal of Molecular Science* 21: 1476-1500.

• Beck, A. T. 1976. *Cognitive Therapy and the Emotional Disorders.* New York: Penguin Group(《인지치료와 정서장애 - 인지치료 창시자 아론 벡이 저술한 인지행동치료의 고전》, 민병배 옮김, 학지사, 2017).

• Bernacer, J., I. Martinez-Valbuena, M. Martinez, et al. 2019. "An Amygdala-Cingulate Network Underpins Changes in Effort-Based Decision Making After a Fitness Program." *Neuroimage* 203: ArtID116181.

• Bernstein, G. A., A. M. Victor, A. J. Pipal, and K. A. Williams. 2010. "Comparison of Clinical Characteristics of Pediatric Autoimmune Neuropsychiatric Disorders Associated with Streptococcal Infections and Childhood Obsessive-Compulsive Disorder." *Journal of Child and Adolescent Psychopharmacology* 20: 333-340.

• Bonnet, M. H. 1985. "Effect of Sleep Disruption on Sleep, Performance, and Mood." *Sleep* 8: 11-19.

• Bourne, E. J., A. Brownstein, and L. Garano. 2004. *Natural Relief for Anxiety: Complementary Strategies for Easing Fear, Panic, and Worry.* Oakland, CA: New Harbinger.

• Cannon, W. B. 1929. *Bodily Changes in Pain, Hunger, Fear, and Rage.* New York: Appleton.

• Chen, Y., C. Chen, R. M. Martinez, J. E. Etnier, and Y. Cheng. 2019. "Habitual Physical Activity Medicates the Acute Exercise-Induced Modulation of Anxiety-Related Amygdala Functional Connectivity." *Scientific Reports* 9: 19787.

• Clark, D. A. 2020. *Cognitive-Behavioral Therapy for OCD and Its Subtypes,* 2nd ed. New York: The Guilford Press.

• Cotman, C. W., and N. C. Berchtold. 2002. "Exercise: A Behavioral Intervention to Enhance Brain Health and Plasticity." *Trends in Neurosciences* 25: 295-301.

• Craske, M. G., and D. H. Barlow. 2007. Mastery of Your Anxiety and Panic: *Therapist Guide.* 4th ed. New York: Oxford University Press.

• Davidson, J. 2014. *Daring to Challenge OCD: Overcome Your Fear of Treatment and Take Control of Your Life Using Exposure and Response Prevention.* Oakland, CA: New Harbinger.

• Davidson, R. J., and S. Begley. 2012. *The Emotional Life of Your Brain: How Its Unique Patterns Affect the Way You Think, Feel and Live—And How You Can Change Them.* New York: Hudson Street Press.

• DeBoer, L., M. Powers, A. Utschig, M. Otto, and J. Smits. 2012. "Exploring Exercise as an Avenue for the Treatment of Anxiety Disorders." *Expert Review of Neurotherapeutics* 12: 1011-1022.

• de Salles Andrade, J. B., F. M. Ferreira, C. Suo, et al. 2019. "An MRI Study of the Metabolic and

Structural Abnormalities in Obsessive-Compulsive Disorder." *Frontiers of Human Neuroscience* 13: Article 186.

• Desbordes, L. T., T. W. W. Negi, 3. A. Pace, C. L. Wallace, C. L. Raison, and E. L. Schwartz. 2012. "Effects of Mindful-Attention and Compassion Meditation Training on Amygdala Response to Emotional Stimuli in an Ordinary, Non-Meditative State." *Frontiers in Human Neuroscience* 6: 1–15.

• Dias, B., S. Banerjee, J. Goodman, and K. Ressler. 2013. "Towards New Approaches to Disorders of Fear and Anxiety." *Current Opinion in Neurobiology* 23: 346–352.

• Doidge, N. 2007. *The Brain That Changes Itself: Stories of Personal Triumph from the Frontiers of Brain Science.* New York: Penguin.

• Doll, A., B. K. Holzel, S. M. Bratec, et al. 2016. "Mindful Attention to Breath Regulates Emotions via Increased Amygdala-Prefrontal Cortex Connectivity." *NeuroImage* 134: 305–313.

• Drew, M. R., and R. Hen. 2007. "Adult Hippocampal Neurogenesis as Target for the Treatment of Depression." *CNS & Neurological Disorders-Drug Targets* 6: 205–218.

• Ellis, A., and K. Doyle. 2016. *How to Control Your Anxiety Before It Controls You.* New York: Citadel(《불안과의 싸움 – 세상에서 나를 지켜주는 위로의 심리학》, 정경주 옮김, 북섬, 2009).

• Engels, A. S., W. Heller, A. Mohanty, J. D. Herrington, M. T. Banich, A G. Webb, and G. A. Miller. 2007. "Specificity of Regional Brain Activity in Anxiety Types During Emotional Processing." *Psychophysiology* 44: 352–363.

• Ensari, I., T. A. Greenlee, R. W. Motl, and S. J. Petruzzello. 2015. "Meta-Analysis of Acute Exercise Effects on State Anxiety: An Update of Randomized Controlled Trials over the Past 25 Years." *Depression and Anxiety* 32: 624–634.

• Fergus, T., and K. D. Wu. 2010. "Do Symptoms of Generalized Anxiety and Obsessive-Compulsive Disorder Share Cognitive Processes?" *Cognitive Therapy & Research 34* 168–176.

• Foa, E. B., J. D. Huppert, and S. P. Cahill. 2006. "Emotional Processing Theory: An Update." In *Pathological Anxiety*: Emotional Processing in Etiology and Treatment, edited by B. O. Rotham. New York: Guilford.

• Freeston, M. H., M. J. Dugas, and R. Ladouceur. 1996. "Thoughts, Images, Worry, and Anxiety." *Cognitive Therapy and Research* 20: 265–273.

• Froeliger, B. E., E. L. Garland, L. A. Modlin, and F. J. McClernon. 2012. "Neurocognitive Correlates of the Effects of Yoga Meditation Practice on Emotion and Cognition: A Pilot Study." *Frontiers in Integrative Neuroscience* 6: 1–11.

• Fullana, M. A., X. Zhu, P. Alonso, et al. 2017. "Basolateral Amygdala-Ventromedial Prefrontal Cortex Connectivity Predicts Cognitive Behavioral Therapy Outcome in Adults with Obsessive-Compulsive Disorder." *Journal of Psychiatry Neuroscience* 46: 378–385.

• Gibbs, N. A. 1996. "Nonclinical Populations in Research on Obsessive-Compulsive Disorder: A Critical Review." *Clinical Psychology Review* 16: 729–773.

• Gloster, A. T., H. U. Wittchen, F. Einsle, et al. 2011. "Psychological Treatment for Panic Disorder with Agoraphobia: A Randomized Controlled Trial to Examine the Role of Therapist-Guided Exposure in Situ in CBT." *Journal of Counseling and Clinical Psychology* 79(3): 406–420.

• Goldin, P. R., and J. J. Gross. 2010. "Effects of Mindfulness-Based Stress Reduction (MBSR) on Emotion Regulation in Social Anxiety Disorder." *Emotion* 10: 83–91.

• Goleman, D. 1995. *Emotional Intelligence.* New York: Bantam(《EQ 감성지능》, 한창호 옮김, 웅진지식하우스, 2008).

• Greenwood, B. N., P. V. Strong, A. B. Loughridge, H. E. Day, P. J. Clark, A. Mika, et al. 2012. "5-HT2C Receptors in the Basolateral Amygdala and Dorsal Striatum Are a Novel Target for the Anxiolytic and Antidepressant Effects of Exercise." *PLoS ONE* 7: e46118.

• Gregory, A., and T. C. Eley. 2007. "Genetic Influences on Anxiety in Children: What We've

Learned and Where We're Heading." *Clinical Child and Family Psychology* 10: 199–212.

• Grupe, D. W., and J. B. Nitschke. 2013. "Uncertainty and Anticipation in Anxiety: An Integrated Neurobiological and Psychological Perspective." *Nature Reviews Neuroscience* 14: 488–501.

• Hayes, S. C., V. M. Follette, and M. Linehan. 2004. *Mindfulness and Acceptance: Expanding the Cognitive-Behavioral Tradition*. New York: Guilford Press.

• Hebb, D. O. 1949. *The Organization of Behavior*. New York: Wiley.

• Heisler, L., K. Zhou, P. Bajwa, J. Hsu, and L. H. Tecott. 2007. "Serotonin 5-HT2c Receptors Regulate Anxiety-Like Behavior." *Genes, Brain, and Behavior* 6: 491–496.

• Hertenstein, E., N. Rose, U. Voderholzer, et al. 2012. "Mindfulness-Based Cognitive Therapy in Obsessive-Compulsive Disorder: A Qualitative Study on Patients' Experiences." *BMC Psychiatry* 12: 185–195.

• Hezel, D. M., and R. J. McNally. 2016. "A Theoretical Review of Cognitive Biases and Deficits in Obsessive-Compulsive Disorder." *Biological Psychology* 121: 221–232.

• Hirsch, C. R., S. Hayes, A. Mathews, G. Perman, and T. Borkovec. 2012. "The Extent and Nature of Imagery During Worry and Positive Thinking in Generalized Anxiety Disorder." *Journal of Abnormal Psychology* 121: 238–243.

• Hoexter, M. Q., and M. C. Batistuzzo. 2018. "Disentangling the Role of Amygdala Activation in Obsessive-Compulsive Disorder." *Biological Psychiatry* 6: 499–500.

• Holzel, B. K., S. W. Lazar, T. Gard, Z. Schuman-Olivier, D. R. Vago, and U. Ott. 2011. "How Does Mindfulness Meditation Work? Proposing Mechanisms of Action from a Conceptual and Neural Perspective." *Perspectives on Psychological Science* 6: 537–559.

• Jacobson, E. 1938. Progressive Relaxation. Chicago: University of Chicago Press.

• Jasuja, V., G. Purohit, S. Mendpara, and B. M. Palan. 2014. "Evaluation of Psychological Symptoms in Premenstrual Syndrome Using PMR Technique." *Journal of Clinical and Diagnostic Research* 8: BC01–BC03.

• Jerath, R., V. A. Barnes, and M. W. Crawford. 2014. "Mind-Body Response and Neurophysiological Changes During Stress and Meditation: Central Role of Homeostasis." *Journal of Biological Regulators and Homeostatic Agents* 28: 545–554.

• Jerath, R., V. A. Barnes, D. Dillard-Wright, S. Jerath, and B. Hamilton. 2012. "Dynamic Change of Awareness During Meditation Techniques: Neural and Physiological Correlates." *Frontiers in Human Science* 6: 1–4.

• Jerath, R., V. M. W. Crawford, V. A. Barnes, and K. Harden. 2015. "Self-Regulation of Breathing as a Primary Treatment for Anxiety." *Applied Psychophysiology & Biofeedback* 40: 107–115.

• Jerath, R., J. W. Edry, V. A. Barnes, and V. Jerath. 2006. "Physiology of Long Pranayamic Breathing: Neural Respiratory Elements May Provide a Mechanism That Explains How Slow Deep Breathing Shifts the Autonomic Nervous System." *Medical Hypothesis* 67: 566–571.

• Johnsgard, K. W. 2004. *Conquering Depression and Anxiety through Exercise*. Amherst, NY: Prometheus Books.

• Kalyani, B. G., G. Venkatasubramanian, R. Arasappa, N. P. Rao, S. V. Kalmady, R. V. Behere, H. Rao, M. K. Vasudev, and B. N. Gangadhar. 2011. *International Journal of Yoga* 4: 3–6.

• Kim, T., J. Kim, J. Park, et al. 2015. "Antidepressant Effects of Exercise Are Produced via Suppression of Hypocretin/Orexin and Melanin-Containing Hormone in the Basolateral Amygdala." *Neurobiology of Disease* 79: 59–69.

• Kishi, A., S. Haraki, R. Toyota, et al. 2020. "Sleep Stage Dynamics in Young Patients with Sleep Bruxism." *Journal of Sleep Research and Sleep Disorders Research* 43: 1–12.

• Koran, L. M., and H. B. Simpson. 2013. *Guideline Watch* (March 2013): *Practice Guideline for the Treatment of Patients with Obsessive-Compulsive Disorder*. Washington, DC: American Psychiatric Association.

• Lang, T., and S. Helbig-Lang. 2012. "Exposure in Vivo with and Without Presence of a Therapist: Does It Matter?" *In Exposure Therapy*, edited by P. Neudeck and H. U. Wittchen. New York: Springer.

• Lattari, E., H. Budde, F. Paes, et al. 2018. "Effects of Aerobic Exercise on Anxiety Symptoms and Cortical Activity in Patients with Panic Disorder: A Pilot Study." *Clinical Practice and Epidemiology in Mental Health* 14: 11 – 25.

• Leaver, A. M., J. Van Lare, B. Zielinski, A. R. Halpern, and J. P. Rauschecker. 2009. "Brain Activation During Anticipation of Sound Sequences." *The Journal of Neuroscience* 29: 2477 – 2485.

• LeDoux, J. E. 1996. The Emotional Brain: *The Mysterious Underpinnings of Emotional Life*. New York: Simon & Schuster(《느끼는 뇌 - 뇌가 들려주는 신비로운 정서이야기》, 최준식 옮김, 학지사, 2006).

• LeDoux, J. E. 2002. *Synaptic Self: How Our Brains Become Who We Are*. New York: Viking.

• LeDoux, J. E. 2015. Anxious: *Using the Brain to Understand and Treat Fear and Anxiety*. New York: Penguin.

• LeDoux, J. E., and D. Schiller. 2009. "The Human Amygdala: Insights from Other Animals." In *The Human Amygdala*, edited by P. J. Whalen and E. A. Phelps. New York: Guilford Press.

• Leung, M. K., K. W. Way, C. H. Chetwyn, et al. 2018. "Meditation-Induced Neuroplastic Changes in Amygdala Activity During Negative Affective Processing." *Social Neuroscience* 13: 277 – 288.

• Linden, D. E. 2006. "How Psychotherapy Changes the Brain—The Contribution of Functional Neuroimaging." *Molecular Psychiatry* 11: 528 – 538.

• Lucibello, K. M., J. Parker, and J. J. Heisz. 2019. "Examining a Training Effect on the State Anxiety Response to an Acute Bout of Exercise in Low and High Anxious Individuals." Journal of *Affective Disorders* 247: 29 – 35.

• McLean, C. P., L. J. Zandberg, P. E. VanMeter, et al. 2015. "Exposure and Response Prevention Helps Adults with Obsessive-Compulsive Disorder Who Do Not Respond to Pharmacological Augmentation Strategies." *Journal of Clinical Psychiatry* 76: 1653 – 1657.

• Milham, M. P., A. C. Nugent, W. C. Drevets, D. P. Dickstein, E. Leibenluft, M. Ernst, D. Charney, and D. S. Pine. 2005. "Selective Reduction in Amygdala Volume in Pediatric Anxiety Disorders: A Voxel-Based Morphometry Investigation." *Biological Psychiatry* 57: 961 – 966.

• Mochcovitch, M. D, A. C. Deslandes, R. C. Freire, R. F. Garcia, and A. E. Nardi. 2016. "The Effects of Regular Physical Activity on Anxiety Symptoms in Healthy Older Adults: A Systematic Review." *Revista Brasileira de Psiquiatria* 38: 255 – 261.

• Nazeer, A., F. Latif, A. Mondal. M. W. Azeem, and D. E. Graydanus. 2020. "Obsessive-Compulsive Disorder in Children and Adolescents: Epidemiology, Diagnosis, and Management." *Translational Pediatrics* 9: S76 – S93.

• Neeru, D., C. Khakha, S. Satapathy, and A. B. Dey. 2015. "Impact of Jacobson Progressive Muscle Relaxation (JPMR) and Deep Breathing Exercises on Anxiety, Psychological Distress, and Quality of Sleep of Hospitalized Older Adults." *Journal of Psychosocial Research* 10: 211 – 223.

• Nestadt, G., M. Grados, and J. F. Samuels. 2010. "Genetics of OCD." *Psychiatric Clinics of North America* 33: 141 – 158.

• Nolen-Hoeksema, S. 2000 "The Role of Rumination in Depressive Disorders and Mixed Anxiety/Depressive Symptoms." *Journal of Abnormal Psychology* 109: 504 – 511.

• Ohman, A., and S. Mineka. 2001. "Fears, Phobias, and Preparedness: Toward an Evolved Module of Fear and Fear Learning." *Psychological Review* 108: 483 – 522.

• Olsson, A., K. I. Nearing, and E. A. Phelps. 2007. "Learning Fears by Observing Others: The Neural Systems of Social Fear Transmission." *Social Cognitive and Affective Neuroscience* 2: 3 – 11.

• Orisillo, S. M., L. Roemer, J. B. Lerner, and M. T. Tull. 2004. "Acceptance, Mindfulness, and Cognitive-Behavioral Therapy: Comparisons, Contrasts, and Application to Anxiety." *In Mindfulness and Acceptance: Expanding the Cognitive- Behavioral Tradition*, edited by S. C. Hayes, V. M. Follette, and M.

Linehan New York: Guilford Press.

• Paul, S., J. C. Beucke, C. Kaufmann, et al. 2018. "Amygdala-Prefrontal Connectivity During Appraisal of Symptom-Related Stimuli in Obsessive-Compulsive Disorder." *Psychological Medicine* 49: 278 – 286.

• Paulesu, E., E. Sambugaro, T. Torti, et al. 2010. "Neural Correlates of Worry in Generalized Anxiety Disorder and in Normal Controls: A Functional MRI Study." *Psychological Medicine* 40: 117 – 124.

• Quirk, G. J., J. C. Repa, and J. E. LeDoux. 1995. "Fear Conditioning Enhances Short-Latency Auditory Responses of Lateral Amygdala Neurons: Parallel Recordings in the Freely Behaving Rat." *Neuron* 15: 1029 – 1039.

• Rachman, S., and P. de Silva. 1978. "Abnormal and Normal Obsessions." *Behaviour Research and Therapy* 16: 233 – 248.

• Radomsky, A. S., M. J. Dugas, G. M. Alcolado, and S. L. Lavoie. 2014. "When More Is Less: Doubt, Repetition, Memory, Metamemory, and Compulsive Checking in OCD." *Behaviour Research and Therapy* 59: 30 – 39.

• Rebar, A., R. Stanton, D. Geard, C. Short, M. J. Duncan, and C. Vandelanotte. 2015. "A Meta-Meta-Analysis of the Effect of Physical Activity on Depression and Anxiety in a Non-Clinical Adult Population." *Health Psychology Review* 9: 366 – 378.

• Roy, M. J., M. E. Costanzo, J. R. Blair, and A. A. Rizzo. 2014. "Compelling Evidence That Exposure Therapy for PTSD Normalizes Brain Function." In *Annual Review of Cybertherapy and Telemedicine,* edited by B. K. Wiederhold and G. Riva. Amsterdam, Netherlands: IOS Press.

• Rupp, C., C. Jurgens, P. Doebler, F. Andor, and U. Buhlmann. 2019. "A Randomized Waitlist-Controlled Trial Comparing Detached Mindfulness and Cognitive Restructuring in Obsessive-Compulsive Disorder." *PLoS ONE* 14: e0213895.

• Sander, D., J. Grafman, and T. Zalla. 2003. "The Human Amygdala: An Evolved System for Relevance Detection." *Reviews in the Neurosciences* 14: 303 – 316.

• Sapolsky, R. M. 1998. Why Zebras Don't Get Ulcers: *An Updated Guide to Stress, Stress-Related Diseases, and Coping.* New York: W. H. Freeman and Company(《스트레스 : 당신을 병들게 하는 스트레스의 모든 것》, 이재담, 이지윤 옮김, 사이언스북스, 2008).

• Schmitt, A., N. Upadhyay, J. A. Martin, S. R. Vega, H. K. Struder, and H. Boecker. 2020. "Affective Modulation After High-Intensity Exercise Is Associated with Prolonged Amygdala-Insular Functional Connectivity Increase." *Neural Plasticity*: Article ID 7905387.

• Schmolesky, M. T., D. L. Webb, and R. A. Hansen. 2013. "The Effects of Aerobic Exercise Intensity and Duration on Levels of Brain-Derived Neurotropic Factor in Healthy Men." *Journal of Sports Science and Medicine* 12: 502 – 511.

• Schwartz, J. M., and S. Begley. 2003. *The Mind and the Brain: Neuroplasticity and the Power of Mental Force.* New York: HarperCollins.

• Shafir, T. 2015. "Movement-Based Strategies for Emotion Regulation." In *Handbook on Emotion Regulation,* edited by M. L. Bryant. Hauppauge, NY: Nova Science Publishers.

• Silton, R. L., W. Heller, A. Engels, et al. 2011. "Depression and Anxious Apprehension Distinguish Frontocingulate Cortical Activity During Top-Down Attentional Control." *Journal of Abnormal Psychology* 120: 272 – 285.

• Spoormaker, V. I., and J. van den Bout. 2005. "Depression and Anxiety Complaints: Relations with Sleep Disturbances." *European Psychiatry* 20: 243 – 245.

• Swain, R. A., K. L. Berggren, A. L. Kerr, et al. 2012. "On Aerobic Exercise and Behavioral and Neural Plasticity." *Brain Sciences* 2: 709 – 744.

• Taren, A. A., J. D. Creswell, and P. J. Gianaros. 2013. "Dispositional Mindfulness Co-Varies with

270

Smaller Amygdala and Caudate Volumes in Community Adults." *PLoS ONE* 8(5): e64574.

• Taylor, V. A., J. Grant, V. Daneault, et al. 2011. "Impact of Mindfulness on the Neural Responses to Emotional Pictures in Experienced and Beginner Meditators." *Neuroimage* 57: 1524 – 1533.

• Thorsen, A. L., P. Hagland, J. Radua et al. 2018. "Emotional Processing in Obsessive-Compulsive Disorder: A Systematic Review and Meta-Analysis of 25 Functional Neuroimaging Studies." *Biological Psychiatry Cognitive Neuroscience Neuroimaging* 3: 563 – 571.

• van der Helm, E., J. Yao, S. Dutt, V. Rao, J. M. Salentin, and M. P. Walker. 2011. "REM Sleep Depotentiates Amygdala Activity to Previous Emotional Experiences." *Current Biology* 21: 2029 – 2032.

• Via, E., N. Cardoner, J. Pujol, et al. 2014. "Amygdala Activation and Symptom Dimensions in Obsessive-Compulsive Disorder." *British Journal of Psychiatry* 204: 61 – 68.

• Virkuil, B., J. F. Brosschot, T. D. Borkovec, and J. F. Thayer. 2009. "Acute Autonomic Effects of Experimental Worry and Cognitive Problem Solving: Why Worry About Worry?" *International Journal of Clinical and Health Psychology* 9: 439 – 453.

• Vrana, S. R., B. N. Cuthbert, and P. J. Lang. 1986. "Fear Imagery and Text Processing." *Psychophysiology* 23: 247 – 253.

• Walsh, R., and L. Shapiro. 2006. "The Meeting of Meditative Disciplines and Western Psychology: A Mutually Enriching Dialogue." *American Psychologist* 61: 227 – 239.

• Wassing, R., O. Lakbila-Kama, J. R. Ramautar, et al. 2019. "Restless REM Sleep Impedes Overnight Amygdala Adaptation." *Current Biology* 29: 2351 – 2358.

• Way, B. M., J. D. Cresswell, N. I. Eisenberger, and M. D. Lieberman. 2010. "Dispositional Mindfulness and Depressive Symptomatology: Correlations with Limbic and Self-Referential Neural Activity During Rest." *Emotion* 10: 12 – 24.

• Wegner, D., D. Schneider, S. Carter, and T. White. 1987. "Paradoxical Effects of Thought Suppression." *Journal of Personality and Social Psychology* 53: 5 – 13.

• Welter, M. L., P. Burbaud, S. Fernandez-Vidal, et al. 2011. "Basal Ganglia Dysfunction in OCD: Subthalamic Neuronal Activity Correlates with Symptom Severity and Predicts High-Frequency Stimulation Efficacy." *Translational Psychiatry* 1: e5.

• Whittal, M. L., D. S. Thodarson, and P. D. McLean. 2005. "Treatment of Obsessive-Compulsive Disorder: Cognitive Behavior Therapy vs. Exposure and Response Prevention." *Behaviour Research and Therapy* 43: 1559 – 1576.

• Wilson, R. 2016. Stopping the Noise in Your Head: *The New Way to Overcome Anxiety & Worry*. Deerfield Beach, FL: Health Communications, Inc.

• Yang, C. C., A. Barros-Loscertales, D. Pinazo, et al. 2016. "State and Training Effects of Mindfulness Meditation on Brain Networks Reflect Neuronal Mechanisms of Its Antidepressant Effect." *Neural Plasticity:* Article ID 9504642.

• Yoo, S., N. Gujar, P. Hu, F. A. Jolesz, and M. P. Walker. 2007. "The Human Emotional Brain Without Sleep—A Prefrontal Amygdala Disconnect." *Current Biology* 17: 877 – 878.

• Zeidan, F., K. T. Martucci, R. A. Kraft, J. G. McHaffie, and R. C. Coghill. 2013. "Neural Correlates of Mindfulness Meditation-Related Anxiety Relief." Social *Cognitive and Affective Neuroscience* 9: 751 – 759.

• Zelano, C., H. Jiang, G. Zhou, et al. 2016. "Nasal Respiration Entrains Human Limbic Oscillations and Modulates Cognitive Function." *The Journal of Neuroscience* 36: 12448 – 12467.

• Ziemann, A. E., J. E. Allen, N. S. Dahdaleh, et al. 2009. "The Amygdala Is a Chemosensor That Detects Carbon Dioxide and Acidosis to Elicit Fear Behavior." *Cell* 139: 1012 – 1021.

가짜 위험에 속지 않고 뇌의 주도권을 잡는 법

뇌는 어떻게 불안을 선택하는가

초판 1쇄 인쇄 2026년 3월 6일
초판 1쇄 발행 2026년 3월 16일

지은이 캐서린 피트먼, 윌리엄 영스
디자인 표지 어나더페이퍼 본문 박재원

펴낸곳 브리드북스 펴낸이 이여홍
출판등록 제 2023-000116호(2023년 10월 11일)
주소 서울시 마포구 토정로 222 306호
이메일 breathebooks23@naver.com

ISBN 979-11-993566-5-8(03400)

• 파본은 구입하신 서점에서 교환해 드립니다.
• 이 책은 저작권법에 의하여 보호를 받는 저작물이므로 무단 전재와 복제를 금합니다.
• 브리드북스는 여러분의 소중한 원고를 기다립니다. breathebooks23@naver.com